物联网安全与技术探究

刘智国　孟　惜　刘　畅　著

中国原子能出版社

图书在版编目（CIP）数据

物联网安全与技术探究 / 刘智国，孟惜，刘畅著. 北京 ：中国原子能出版社，2024. 11. -- ISBN 978-7-5221-3812-1

Ⅰ. TP393.4；TP18

中国国家版本馆 CIP 数据核字第 20248J00J9 号

物联网安全与技术探究

出版发行	中国原子能出版社（北京市海淀区阜成路 43 号　100048）
责任编辑	杨　青
责任印制	赵　明
印　　刷	北京金港印刷有限公司
经　　销	全国新华书店
开　　本	787 mm×1092 mm　1/16
印　　张	14
字　　数	214 千字
版　　次	2024 年 11 月第 1 版　2024 年 11 月第 1 次印刷
书　　号	ISBN 978-7-5221-3812-1　　定　价　**72.00 元**

发行电话：010-88828678

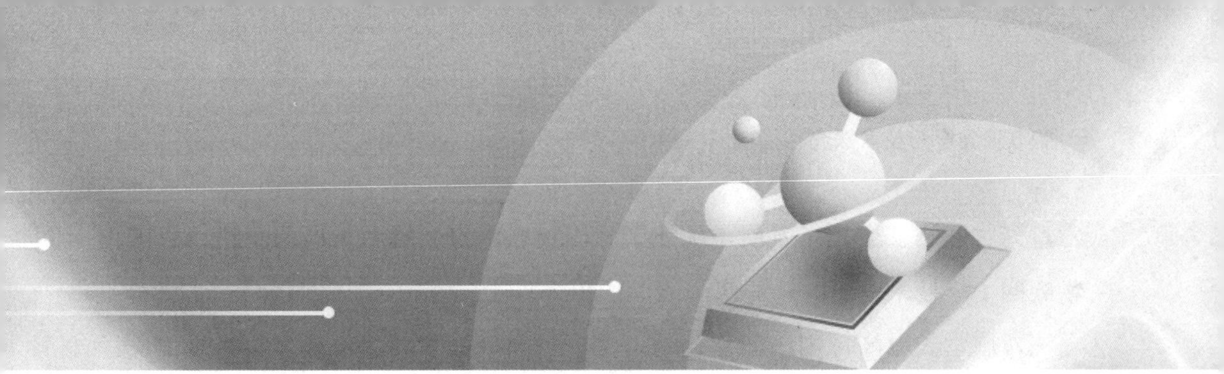

前　言

物联网起源于互联网，随着互联网的普及和计算机行业的飞速发展，物联网进入大众视野。物联网已经成为继互联网之后的第三次信息产业浪潮，作为国家新兴产业，物联网有广阔发展前景。在物联网和云计算环境中，由于跨域使用资源、外包服务数据、远程检测和控制系统，使数据安全和通信安全变得更加复杂，并呈现出与以往不同的特征，需要研发新的安全技术以支撑这样的开放网络应用环境。因此，物联网安全技术也面临着严峻的挑战。针对物联网安全问题，提出解决策略并有效实施是关键所在。

本书从不同方面阐述了物联网的安全与技术，第一章为物联网安全概述，介绍了物联网概述、物联网安全的研究背景与发展现状、物联网安全存在的问题三个方面的内容；第二章为物联网通信与网络技术，论述了物联网中的通信传输、物联网环境下常用的通信方式、无线网、移动通信网络四个方面的内容；第三章为物联网信息安全体系结构分析，讲述了物联网安全体系结构概述、物联网安全技术措施、物理安全威胁与防范措施、无线局域网 WLAN 物理层安全协议四个方面的内容；第四章为信息安全技术基础，论述了密码学概论、常用加密技术、密码技术的应用、常用安全协议四个方面的内容；第五章为物联网各层安全技术分析，介绍了物联网感知层安全技术分析、物联网网络层安全技术分析、物联网应用层安全技术分析三个方面的内容；第六章为物联网安全技术发展，阐述了我国物联网安全技术发展的策略、我国物联网安全技术发展的趋势两个方面的内容。

在撰写本书的过程中，笔者参考了大量的学术文献，得到了诸多专家、学者的帮助，在此表示感谢。本书内容全面，条理清晰，但由于笔者水平有限，书中难免有疏漏之处，希望广大读者及时指正。

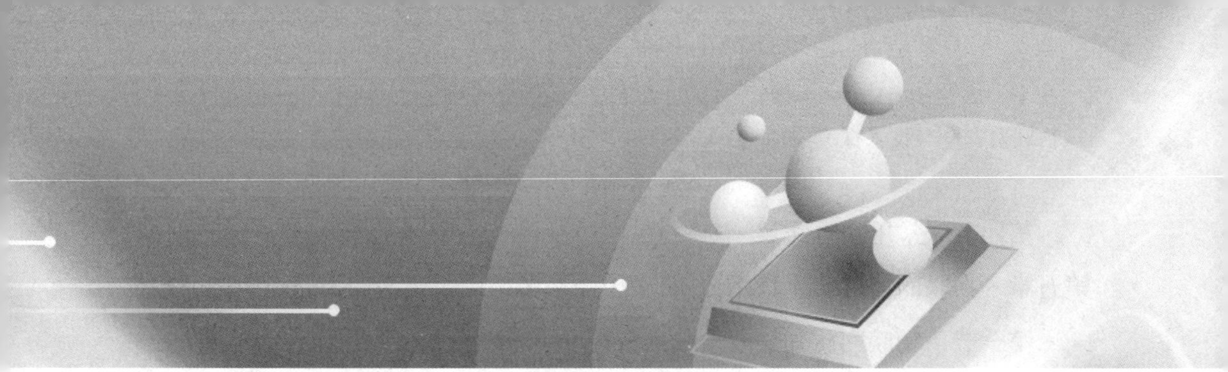

目　录

第一章　物联网安全概述

物联网是在信息技术的基础之上发展起来的，它能够将现代网络技术、各种感知技术及人工智能自动化技术聚合到一起，然后实现其集成应用，创造一个智慧的世界，使得人与物、物与物之间实现互联互通，智慧对话。随着物联网应用技术的广泛应用，物联网安全性能也受到关注。

本章为物联网安全概述，介绍了物联网概述、物联网安全的研究背景与发展现状、物联网安全存在的问题三个方面的内容。

第一节　物联网概述

一、物联网的定义

物联网（Internet of Things），顾名思义，“物联网是物物相连的互联网”[①]。具体来说，它主要包含两层意思：第一，物联网是物品与物品之间相互联系的网络，它们彼此之间通过物联网相互通信与进行信息交换；第二，物联网是在互联网的基础上发展形成的，它是互联网的延伸与扩展。因此，物联网的定义是通过射频识别（RFID）、红外感应器、全球定位系统、激光扫

① 申时凯，佘玉梅. 物联网的安全技术研究［M］. 北京：中国原子能出版社，2019.

描器等信息传感设备，按约定的协议，把任何物品与互联网相连，进行信息交换和通信，以实现对物品的智能化识别、定位、跟踪、监控和管理的一张网络。

二、物联网的特点

互联网是人与人之间的网络，而物联网是物与物、物与人之间的网络。与互联网相比，物联网具有如下四个特点。

（一）传感信息能力较强

物联网可以利用 RFID、传感器、二维码等技术随时随地获取物体的信息，在物联网中会存在许多传感器，每一个传感器都是一个信息源，它能够将它本身所处环境中的各种信息显示在人们面前。传感器有很多不同的种类，不同种类的传感器捕获、传递的信息的格式和内容是有区别的，要多多加以辨别。传感器在采集环境信息的时候要按照一定的频率周期性地进行采集，在周期性采集的过程中，人们也可以源源不断地获取新的数据。

（二）传递功能较强且可靠

互联网之中信息广泛，在海量的信息中要快速地找到某一信息并不是一件容易的事情。物联网具有传递功能较强且可靠的特点，它可以通过各种电信网络与互联网的融合及时准确地传递物体信息，这就便于人们更快地找到自己所需要的信息。

（三）智能处理功能较强

物联网的智能处理功能比较强，它能够运用模糊识别、云计算等智能计算技术对海量的信息进行分析和处理，然后智能化控制物体。

（四）能够多角度过滤和分析

物联网能够多角度地对海量的传感信息进行过滤和分析，这是它的一个显著特点，面对不同的应用要求，具体情况具体分析，从多个不同的角度入手，更好地对这些信息进行有效利用。

物联网的应用前景非常广阔，包括智能家居、智能物流、智能电网、智能交通、智能医疗、智能农业、智能环保、公共安全等多个领域。这些应用的发展将带动相关设备、基础设施和系统集成产业的规模发展。

第二节　物联网安全的研究背景与发展现状

一、物联网安全的研究背景及意义

近年来，随着大数据、云计算（Cloud Computing）、红外传感和无线射频识别（Radio Frequency Identification，RFID）等技术的不断创新与迭代，基于互联网的物联网迅速发展起来，它不再像互联网那样着重于虚拟世界，而是开始将现实世界与互联网联系起来，将现实生活中的物与物、人与人、物与人之间都广泛联系起来，推动着整个社会的生产生活方式与社会管理形式的变革与创新。现如今社会中物联网的典型代表有车联网（Internet of Vehicles）、智能电网（Smart Grid）等，它们在一定程度上给人们提供了便利，提高了人们的生活质量，提升了现代社会的管理服务效能。在当前社会中，物联网获得了极大的发展，从孤立、碎片化的应用逐渐转向以跨界、集成、融合和智能为主要特征的大规模增长阶段，在各个方面的应用越来越广泛，如文化、教育、军事、医疗、交通等，也逐渐催生出了大量的新需求、新场景、新服务、新业态和新模式。物联网搭建了一个信息化、自动化和智能化的系统，在这个系统之中，用户、计算平台及终端设备之间是互联互通、信息共享的，彼此之间能够更加高效地展开交流、沟通与合作。未来，物联网将真正实现“物与物、物与人、人与人”之间的智能连接，为人们创造一个“万物互联、无所不能”的美好社会。随着时间的推移，社会的发展，各种高新科技层出不穷，这种美好的愿景在不久的将来将会变为现实。

就像上面所叙述的这样，归根结底，物联网可以看成用户与智能设备的集合，双方通过交互协作获得彼此所需要的信息，实现彼此的共同目标。不过，我们还需要注意到一点，即物联网是在互联网基础上实现的。在互联网虚拟环境之中存在着诸多的漏洞和安全风险，某个病毒的侵入就可能导致整个网络环境被击溃，难以正常运行，甚至还可能使得用户的个人隐私信息被泄露，影响用户的正常工作、学习和生活。物联网利用信息通信技术将现实生活中真实的物理环境与虚拟的网络环境联系到一起，虚拟网络环境中存在的安全风险很可能就会被引入现实物理环境之中，从而给人们的现实生活带来困扰。因此，目前，它已经成为物联网产业健康发展的关键制约因素。同时，物联网的终端设备普遍采用的是红外传感技术、无线射频识别技术，这些设备会受到电池电量、传输带宽、计算能力等多方面的限制，如何在这种情况下保护用户隐私和系统信息安全也是一个十分重要的问题。不过，无论是物联网的上游企业，还是物联网的下游企业，他们的信息安全意识普遍比较薄弱，甚至很多人并没有意识到物联网安全问题的重要性，在这一方面的投入也比较低，这也影响了目前物联网安全领域的发展。而且，目前，物联网还在迅速发展扩张之中，为了获取更多的用户，培养稳定的用户群体，物联网设备生产商和服务提供商主要关注的是用户体验和功能设计问题，对于信息安全和用户隐私等问题则是直接忽视，这也进一步压缩了物联网安全领域的投入比例，不利于物联网安全的发展。目前，在现有的物联网框架之下，各种安全攻击层出不穷，给物联网产业发展带来了极大的风险。这说明当前的物联网框架并不能很好地抵抗攻击，存在着诸多安全问题，逐渐成为安全攻击的“重灾区”。

现在物联网产业还在不断扩张发展之中，未来，它的产业规模将会变得越来越大。这也就意味着它将会遭受越来越多的安全威胁，人们的日常生活都可能会受到影响。一方面，在未来，各种科学技术将不断迭代更新，迅速发展起来，各种安全威胁和攻击手段也不是一成不变的，而是随着时间的推移在不断更新，变得越来越精准、越来越先进，未来物联网安全风险方面的防控也就变得越来越困难。另一方面，随着物联网产业的迅速发展，未来物联网将会普及开来。这也就意味着物联网中的每一台终端设备都有可能成为被攻击对象，只要有一台终端设备被侵入攻击成功，那么与之相连的整个互联网都会遭受安全威胁，防范难度大大增加。如果人们还不对其加以重视的话，很可能会造成很多难以估量的后果。这不仅会降低物联网用户的使用信心，影响其体验感受，同时还会影响着整个物联网产业的发展。

总而言之，在物联网产业发展之中，物联网安全问题已经成为重中之重，必须加以研究解决，设计和部署出更加符合物联网特点和需求的安全保护机制，并不断完善其相关方案和安全模型，促进互联网产业的安全发展。

二、物联网安全发展现状

（一）物联网安全体系方面

在物联网之中，人与物、人与人、物与物之间有着极其紧密的联系，其所有活动等都是透明化的，被架构在互联互通的全球网络之中。当物联网遭受攻击的时候，人们的隐私信息与安全将遭受极大的威胁，不仅如此，还可能会产生其他一系列严重后果，如电网瘫痪、工厂停产、交通失控等，给人们的生产生活带来巨大损失。因此，在现今这个时代，物联网要想实现大规模应用，就必须考虑物联网安全体系方面的问题。

目前，物联网安全形态主要体现在其体系结构的各个要素上，主要包括物理安全、运行安全和数据安全三部分。由于能量受限，传感器与传感网无法运行过于复杂的保护体系，因此，与传统的信息安全相比，传感器与传感网所面临的安全问题更加复杂，除了一般信息网络面临的安全问题，物联网还面临着一些特有的攻击和威胁，如阻塞干扰、女巫攻击、耗尽攻击、碰撞攻击等，威胁包括拒绝服务威胁、物理俘获威胁、感知数据威胁等。针对这些攻击和威胁所制订的安全对策有安全路由机制、感知层鉴别机制、容侵容错机制等。综合可知，虽然对物联网的特点、相关威胁与攻击进行了分类，但是目前还没有支持形式验证的物联网安全体系构架，显然支持形式验证安全构架是保障安全的重要基础。

在国际上，意大利罗马（Sapienza）大学的学者指出物联网在信息安全传输机制和用户隐私等方面存在着许多不足，如在传输过程中，物品的详细信息也容易受到窃取、嗅探、流量分析等网络攻击，从而导致物品信息泄露；在用户无知无觉的情况下，物品中的标签可能会被阅读器扫描，然后用户的行踪也会被泄露。

在 RFID 和无线传感网（WSN）等物联网相关领域，人们也进行了大量的研究工作。美国丹佛大学的特劳布（Ken Traub）等人基于 RFID 和物联网技术提出了全球物联网体系架构，并结合该架构给出了物联网信息服务系统的设计方案，为实现物联网安全架构、信息服务系统和物联网安全管理协议提供了参考。

在无线传感器认证领域中，沃特罗（R.Watro）等人首次提出了基于低指数级 RSA 的 TinyPK 实体认证方案，并采用分级的思想来执行认证的不同操作部分。虽然这个 TinyPK 实体认证方案能够很好地实现无线传感网（WSN）的实体认证，但是它还存在着一些问题和缺陷。例如，单一节点比较容易被捕获。在 TinyPK 实体认证方案中，如果某个认证节点被捕获了，那么其他攻击者就可以利用这个认证节点获得合法身份，从而进入物联网之中，到那个时候，整个物联网就会遭受安全威胁。另外，还有一种强用户认证协议，它是由本南森等人提出的，这个强用户认证协议对 TinyPK 实体认证方案中可能出现的问题进行了预防和改进：第一，相比起 TinyPK 实体认证方案的单一认证方式，强用户认证协议的安全性比较高；第二，强用户认证协议采用的是椭圆曲线加密算法（ECC）来作为公钥算法，它与 TinyPK 实体认证方案的 RSA 算法的安全强度相同，但是密钥长度更短。不过，本南森等人提出的这种强用户认证协议也存在着一些问题，如对节点能量的消耗过大。鲍尔（K.Bauer）提出了一种分布式认证协议，采用的是秘密共享和组群同意的密码学概念，网络由多个子群组成，每个子群配备一个基站，子群间通信通过基站进行。这个方式消耗能量比较低，具有良好的容错性，在某些部分发生故障的时候仍然能够继续运行，计算效率和认证强度也比较高，这是它的优点；缺点是在认证过程中，子群的所有节点都要协同通信，在发送判定包时就很可能引发信息的碰撞。

现在广泛采用的安全策略需要的计算能力往往比较高，而低成本的 RFID 标签的计算能力比较有限。因此，现有的安全策略要在这上面实施就比较困难，难以进行。为了替那些计算能力比较有限的低成本的 RFID 标签着想，西班牙的洛佩兹（P.P.Lopez）等在文献中提出了一种轻量级的互认证协议，它对计算能力的要求比较低，适合大部分资源受限的 RFID 系统，同时还能够提供合适的安全级别，对其进行安全防护。

目前，随着我国学者的不断研究深入，我国在物联网方面已经取得了一些成果，发展速度不断提升，但是针对物联网安全领域的研究才刚刚起步，还需要进一步努力。

（二）物联网感知层的轻量级加密认证技术方面

在传统的高性能计算机和台式计算机中，传统密码算法是保护信息安全的一种重要方法。但是，现阶段，无线传感器网络、RFID 逐渐发展起来，便携式电子设备也在人群中逐渐普及，这些设备的资源环境比较有限，计算可使用的存储比较少，计算能力也比较弱，在这种环境之中不便于使用传统密码算法，需要寻找一种新的密码算法来解决其安全问题。这种新的密码算法就是轻量级密码，它可以被有效运用于那些资源环境比较有限的设备之中。

轻量级密码是在经典密码算法的基础上研究出来的，经典密码算法为其安全性分析与设计提供了理论与技术上的支持和引导；另外，由于轻量级密码具备“轻量级”的特点，它能够更加全面深入地进行安全性分析，在这个安全性分析的过程中可能会发现之前没有发现的问题，从而进一步促进经典密码算法的安全性分析。也就是说，二者是相互影响、相互促进的关系。

近些年来，轻量级密码的研究逐渐变得越来越热，有许多学者都加入了这项研究之中，不过，到目前为止，关于轻量级密码算法的安全性分析都还比较浅显，缺乏比较深入全面的分析。

在物联网之中，认证技术占据着十分重要的地位，关乎物联网安全，是整个网络的安全核心和命脉。它能够对物联网之中的所有接入设备和人员进行数字身份管理、授权和责任追踪，关注他们的一举一动，对他们彼此之间所传输的信息进行完整性保护。

相比起传统网络，在 RFID、无线传感器网络等应用环境中的节点资源受到的限制更加严格。节点资源就是指通信带宽、计算能力、传输距离、存储容量等。这样，在应用开销比较大的认证技术的时候，由于节点资源被限，难以满足其所需的通信带宽、计算能力等相关要求，就会“心有余而力不足”。因此，在这一领域之中，轻量级认证技术变得越来越受欢迎。

消息认证码（MAC）是保证消息完整性和进行数据源认证的基本算法，它将密钥和任意长度的消息输入，能够输出一个标签，这个标签的长度是固定的，通过仔细观察分析这个标签，验证者可以获得很多的信息，如在传输过程中消息是否被篡改过，消息的发送者是谁等。MAC 算法主要有三种构造方法，分别基于分组密码、杂凑函数或者泛杂凑函数族。为实现安全和效率的平衡，近几年出现了几种基于分组密码的 MAC 设计新结构，其中以基于约减轮数的高级加密标准（AES）为代表。

基于口令的认证密钥交换协议（PAKE）的特点是方便，易于使用，这类协议在实际生产生活中得到了广泛应用，受到人们的普遍关注，这当然与其方便易用的独特优势是分不开的。与其他协议相比，这种协议使用便于记忆的低熵口令作为秘密信息，供通信双方共享，十分方便。第一个 PAKE 协议由贝拉文（Bellovin）和梅星特（Merritt）提出，到现在它已经有很多年的发展历史了，在这一领域中，许多研究者也以它作为研究基础进行研究。不过，即使这样，由于从弱口令转化为强的秘密信息的机制设计比较困难，PAKE 的可证明安全性理论研究及在资源受限网络协议中的应用研究却仍然没有什么优良成果，进展十分缓慢。为了填补无线局域网标准 IEEE 802 中 WEP 协议密钥管理的空白，LEAP 协议被思科（Cisco）公司设计出来。它是一种基于口令的轻量级密钥交换协议，在无线网络认证密钥的交换方面发挥着重要作用，但是它也有一些缺陷，比如容易受到离线字典的攻击。目前，需要深入研究的一个重要问题是如何规避这些缺陷，克服困难，设计一种安全高效的轻量级鉴别机制。

国际标准化组织也正在制定轻量级密码算法的相关标准，其中包括轻量级的分组密码、流密码、数字签名等。

（三）RFID 隐私保护技术方面

关于感知节点隐私保护，主要涉及感知节点芯片及存储器物理防护技术，感知节点数据加密存储技术，感知节点数据访问控制和双向认证技术，感知节点周边物理安全防护技术，感知节点声、光、电磁信号干扰、攻击或隐藏技术，比较突出的是 RFID 技术感知节点的隐私保护。

在 RFID 技术中，容易发生电子标签内容被追踪或泄露的情况。这就会影响人们的隐私安全，使人们的信息安全受到威胁。随着时间的推移，社会的发展，各种科学技术迅速发展起来，人们对于个人隐私和信息安全方面越来越重视，在这种情况背景之下，越来越多的专家学者也开始投入这一领域的研究之中。

对于 RFID 技术应用中的隐私保护主要采用两种方法，可从物理方法和逻辑方法两个方面来实现。目前的物理方法有破坏标签（Kill 标签）、屏蔽标签（法拉第网罩）、有源干扰法、阻塞标签等。逻辑方法有读取访问控制、标签认证、标签加密等。到目前为止，已有多种 RFID 系统安全协议提出，包括 Hash-Lock 协议、随机化 Hash-Lock 协议、Hash-Chain 协议及各种改进的 Hash 协议。

第三节　物联网安全存在的问题

一、节点相关的问题

（一）节点物理俘获

在物联网之中，可能会发生节点物理俘获的问题，这主要是因为物联网的感知节点及其相应设备并不是在一个十分安全的环境之中，而是被随机部署在无人监管的复杂环境之下，而且它们还是动态的。因此，它们就更容易受到一些非法攻击。攻击者会通过一些外部手段很轻易地捕捉到这些感知节点和设备，然后进行破坏，甚至攻击者还可以通过本地操作来更换其软硬件，实现物理俘获。

（二）节点复制攻击

攻击者通过某些非法操作捕获到节点之后，然后对其进行复制，再将这些复制节点放置在物联网中的其他位置，以干扰物联网中的数据传输，影响网络拓扑，这就是节点复制攻击。在物联网安全攻击之中，它被视为最基础和最复杂的攻击类型之一。

（三）女巫攻击

攻击者会对网络中的节点的信息进行复制，然后假借其他节点的身份与网络中的其他节点进行交流，呈现出多个身份 ID，这就是女巫攻击。当攻击者运用这种攻击形式对物联网进行攻击的时候，往轻了说，它会影响整个网络的连通性，往重了说，在数据传输过程中可能会出现重大失误与偏差。

二、链路相关的问题

（一）泛洪攻击

当攻击者连续不断地向物联网发送大量攻击报文的时候，整个物联网之中的数据传输就会受到影响，其传输效率就会被大大降低，同时还会造成网络拥挤、数据转发混乱，资源耗尽、服务中断或停止的不良后果，影响整个系统的性能，这就是泛洪攻击。

（二）虫洞攻击

虫洞攻击是物联网中最狡猾和最严重的攻击类型之一。虫洞节点间通过一条低延时的通道互相连接，一端的虫洞节点将收到的数据包转发给网络另一端的虫洞节点，实现跨区域远距离传输数据，严重影响网络拓扑及信息传输。

（三）黑洞攻击

恶意节点不断地宣传自己有一个最优路由，通过广播虚假信息吸引周围的许多流量，很多节点相信了它所宣传广播的虚假信息，就会将这个恶意节点作为中间节点进行数据转发。这样，恶意节点周围的节点的能量就会被耗尽，出现能量空洞的现象。

（四）耗尽攻击

物联网之中某个节点的能量并不是无穷无尽的，其能量也会耗尽。基于这个特点，恶意节点不断地向正常节点发送数据包，一次又一次，然后利用链路的错包重传机制使节点持续不断地反复收到数据包，使它们对数据包进行一次次的处理和转发，从而导致这个正常节点的能量被耗尽而死亡。

三、数据相关的问题

（一）窃听攻击

物联网具有节点分布的特性，从物理上来说，物联网中的信号是暴露在外的，更容易被攻击者找到可乘之机。攻击者通过调节恶意节点的频率、相位、振幅等，使之与物联网中被攻击的节点的频率、相位、振幅相匹配。这时候，攻击者就可以获取到数据传输过程中的数据流。如果传输的这些信息并没有进行加密，那么攻击者就可以直接获取数据中蕴含的真实内容信息。

（二）篡改攻击

篡改攻击是一种针对数据完整性的网络攻击形式，攻击者通过未授权的方式修改、删除或伪造数据，从而改变其原始内容。篡改攻击通常发生在数据传输过程中，但也可能在数据存储时发生。篡改攻击具有如下特点：未经授权的修改，攻击者在未获得授权的情况下，对数据进行修改；数据完整性破坏，数据的原始状态被改变，导致数据不再可靠；隐蔽性，篡改攻击往往难以被发现，特别是在缺乏有效监控和验证机制的情况下；目标多样，可以针对传输中的数据、静态存储的数据、数据库、配置文件、程序代码等进行篡改。在这种攻击中，攻击者对收到的数据进行篡改或删除，然后将修改后的数据传输给目标，以此扰乱网络通信。

（三）选择性转发攻击

由于链路具有不稳定特性，恶意节点利用这一特点，将收到的数据包进行有选择地丢弃和转发。这样，邻居节点不会对其起疑心，同时也能够干扰数据的传输，这是一种十分狡猾的攻击形式。

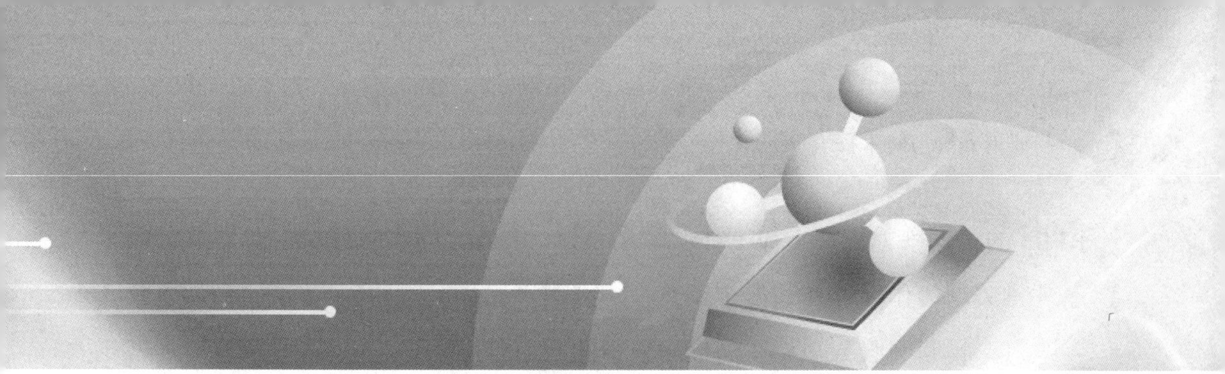

第二章　物联网通信与网络技术

本章为物联网通信与网络技术，论述了物联网中的通信传输、物联网环境下常用的通信方式、无线网、移动通信网络四个方面的内容，让读者对物联网通信与网络技术有了一定的了解。

第一节　物联网中的通信传输

物联网中的通信主要分为有线通信和无线通信。两种通信方式对物联网产业来说都很重要，缺一不可，二者相互补充，共同发挥着重要作用。

有线通信传输可分为：

（1）短距离的局域网（LAN）。

（2）中、长距离的广域网络（WAN），包括 PSTN、ADSL 和 HFC 数字电视 Cable 等。

无线通信传输可分为：

（1）长距离的无线广域网（WWAN）。

（2）中、短距离的无线局域网（WLAN）。

（3）超短距离的 WPAN（Wireless personal area network，无线个人网）。

传感网主要由 WLAN 或 WPAN 技术作为支撑，传感器和传感网二合一的

RFID 的传输部分也属于 WPAN 或 WLAN。因此，物联网技术在通信中起到了非常关键的作用，在通信中还有很多应用，比如：

（1）物联网服务平台在通信运营中的应用

物联网服务平台是物联网的核心部分，它将物联网中的各个节点联系起来，能够更好地实时监控和操控物联网，实现接入及网关开闭等功能。它拥有出色的数据信息处理技能，能够对大量的数据资讯进行同时操作，确保通信运营效率。同时，它还能够监控和评估终端采集的实时流量信息，然后据此知晓各个通信子网的当前状况，了解其运行情况。

（2）物联网网络层在通信运维中的应用

物联网系统能够以常规的因特网和移动网作为网络层的骨架。因此，物联网的网络层既要考虑常规的计算机 Web 网络，还要考虑手机移动网，争取与二者都实现融合，从而摆脱时间与空间的局限，确保通信运营人员能够随时随地了解通信运营状况并下达操控指令。

第二节　物联网环境下常用的通信方式

一、计算机网络

计算机网络是指将地理位置不同的具有独立功能的多台计算机及其外部设备，通过通信线路连接起来，在网络操作系统、网络管理软件及网络通信协议的管理和协调下，实现资源共享和信息传递的计算机系统。通俗地讲，就是由多台计算机（或其他计算机网络设备）通过传输介质和软件物理（或逻辑）连接在一起组成的。简单地说，计算机网络就是通过电缆、电话线或无线通信将两台以上的计算机互联起来的集合。

（一）计算机网络的组成

1. 计算机网络硬件

（1）计算机系统

计算机系统的主要功能是完成数据处理任务，并为网络内的其他计算机提供共享资源。网络中的计算机一般分为两类：服务器（Server）和工作站（Client）。

服务器是计算机的一种，相比起我们平日里所说的普通计算机，它的存储量更大，运行速度更快，负载也更高，能够为人们提供所需要的网络资源。不仅如此，它还承担着运行应用程序、网络管理、处理网络各工作站等方面的任务。根据服务器的不同功能，它可以被分为数据库服务器、应用程序服务器、文件服务器等。

与服务器相比，工作站的性能往往比较低，工作站受到服务器的管理，同时，服务器提供给它服务，它又可以被称为客户机。

（2）网络连接设备

顾名思义，它就是指那些将网络中的通信线路连接起来的各种设备的总称。它的核心职责在于完成计算机之间的数据通信，以促进信息交流。下面，对常见的几个网络连接设备进行简要分析。

① 网络适配器

网络适配器也称网络接口卡，简称网卡。网卡是安装在计算机主板上的电路板插卡，网卡的作用是将计算机与通信设施相连接，将计算机的数字信号转换成通信线路能够传送的信号。

② 调制解调器

调制解调器是一个通过电话拨号接入 Internet 的必备硬件设备，俗称“猫”。在使用时，它被插入电脑主机板的插槽之中，这样，调制解调器与电脑之间就连接好了，这是一种内置式的连接。除此之外，还有外置式的连接，即将调制解调器与计算机的通信接口（COM1 或 COM2）相连，上面有通信工作状态指示。通常，内置式的调制解调器的体积比较小，外置式的调制解调器的体积比较大；内置式的调制解调器不能单独携带，外置式的调制解调器可以单独携带。调制解调器的功能是进行数字信号和模拟信号之间的转换，以完成信息传递。通常情况下，电话线路传输的信号是模拟信号，计算机处理的是数字信号。具体来说，就是在计算机发出信息时，调制解调器将计算机发出的数字信号转换成模拟信号，然后用电话线对转换之后的模拟信号进行传输，发送出去；当从外界电话线中传输进来信息的时候，调制解调器要将模拟信号转换为数字信号，以便于计算机能够识别出来，然后对其进行处理。

③ 集线器

在局域网之中，集线器往往占据中心地位，它利用多个端口将多台计算机连接到一起，进一步做好分散的工作站与服务器之间的连接，从而形成星形结构的局域网系统。它有一个显著的优点，那就是当其中的某个节点发生故障的时候，其他节点不会受到影响，局域网能够正常工作。

（3）传输介质

各种网络设备之间的信息的传输离不开传输介质，目前比较常见的有双绞线、同轴电缆（Coaxial Cable）、光纤等。这些不同的网络传输介质各自有其优点和缺点，适用于不同场景之中。下面，对其进行简要叙述。

① 双绞线

双绞线是由 8 根颜色各异、带有绝缘保护层的铜线构成的，它们被分为 4 组，并且相互绞合在一处，成对扭绞主要是为了最大程度地降低电磁辐射与外部电磁干扰的影响。根据是否有屏蔽层，双绞线可以被分为两类，分别是屏蔽双绞线（STP）和非屏蔽双绞线（UTP）。

② 同轴电缆

从组成结构上说，同轴电缆可分为内外两个部分，这两个部分彼此之间是相互绝缘的，其中，外部的导体往往是铜管或网，内部的导体往往是铜线，内部与外部的相互绝缘的同轴导体构成了同轴电缆。电磁场被封闭在内部与外部的导体之间，因此，它不容易受到外界的干扰影响，辐射损耗也比较小。多路电话和电视经常用的传输介质就是同轴电缆。

③ 光纤

利用特定的工艺将纯石英拉成比头发丝还细的细丝，这就是光纤，它的全名是光导纤维。具体来说，在利用光纤传输信号的时候，光束在玻璃纤维内传输，其传输比较稳定，信号不容易受到电磁干扰影响。作为传输介质，光纤有很多优点，如传输速度快、质量高、性能稳定可靠、低线路损耗和远距离的传输能力等，也正是因为它的这些优点，在现代通信网络中，光纤的应用越来越广泛，尤其适合在骨干网和高速网络中使用。

2. 计算机网络软件

在网络之中，网络软件帮助用户更容易地访问和使用网络做自己想要做的事情，同时它还能够控制网络的工作，比如网络资源的分派和管理等。

（1）网络系统软件

① 网络操作系统

在网络系统软件之中，网络操作系统占据核心地位，它的功能与网络的性能有着密切的关联，网络之中的软硬件资源都会受到网络操作系统的管理。目前，比较常见的有 Windows NT 网络操作系统、Linux 网络操作系统、Unix 网络操作系统、Twar 网络操作系统等。

② 网络协议

网络协议是一种通信语言和规范，两台网络设备通过网络协议来传递数据和信息，以确保其准确无误。网络协议中规定了计算机组织和传输数据的格式，不同的网络设备组织和传输数据的时候要遵循这一格式规定，同时它还规定了数据传输中若出现失误应如何的相关规则。网络协议需要依靠软件和硬件来共同完成。

（2）网络应用软件

网络应用软件是指能够为网络用户提供各种服务的软件，例如，浏览软件、传输软件远程登录软件、电子邮件等。它用于提供或获取网络上的共享资源。

（二）计算机网络的功能

1. 资源共享

网络中的计算机不仅可以使用本机的资源，还可以使用网络中其他计算机的资源。例如，某些地区或单位的数据库可供全网使用，不具备打印机等外部设备的用户也可以运用网络使它们供自己使用。资源共享提高了网络中软硬件的利用率，增强了网络中计算机的处理能力，这是计算机网络最主要的功能。

2. 数据通信

通过网络可以实现终端、计算机与计算机之间的数据传递，包括文字信息、图片信息、视频信息、音频信息等。而且，利用计算机网络，各个计算机之间传送的数据更加安全可靠且快速，并实现信息处理，如电子数据交换（EDI）、电子邮件、传真、电子公告牌（BBS）、远程登录（Telnet）等通信服务。计算机网络打破了时间和空间的限制，各个不同国家、地区的部门或者单位都可以借助计算机网络进行联系，从而实现统一调度、监控和管理。这是计算机网络最基本的功能。

3. 分布处理

计算机网络具有分布处理的功能。当遇到某个大型综合性问题的时候，它可以对其进行拆分，然后将拆分出来的各个部分分配给不同的计算机来处理，这样能够更加充分地利用网络资源，提高计算机处理问题的效率，具有较强的实用性，同时也可使各地的计算机通过网络资源共同协作，进行联合开发、研究等。

4. 均衡负载，互相协作

计算机网络之间是均衡负载、互相协作的关系。在计算机网络工作过程中，如果某一台计算机之间的负载过重的话，那么当有新的工作任务的时候，网络就会将其转交给比较空闲的计算机，以减轻工作中的计算机的负担，均衡各台计算机之间的负载，提高处理问题的效率。通过网络可以缓解用户资源缺乏的矛盾，使各种资源得到合理的调整。

（三）计算机网络的分类

1. 按照网络的管理方式划分

（1）客户机/服务器网络

服务器是指专门提供服务的高性能计算机或专用设备。客户机是指用户计算机，客户机服务器网络是由客户机向服务器发出请求并获得服务的一种网络形式。多台客户机可以共享服务器提供的各种资源，这是最常用、最重要的一种网络类型。

客户机/服务器网络不仅适合同类计算机联网，也适合不同类型的计算机联网，如 PC 机、Mac 机的混合联网。在这种网络中，计算机的权限、优先级易于控制，监控容易实现，网络管理能够规范化。

客户机/服务器网络性能取决于服务器的性能和客户机的数量。目前，针对这类网络有很多优化性能的服务器，称为专用服务器。银行、证券公司都采用这种类型的网络。

（2）对等网

对等网不要求专用服务器，不过组网的计算机的类型一般是相同的，客户机之间可以互相交流沟通，共享资源与信息。这种组网方式比较方便灵活，但是它也有一定的缺陷，如安全性不高、难以对所有的计算机进行集中监控管理等。因此，它不适合应用于那些过于大型的场合，也不适用于那些安全要求比较高的场合，比较适合作为部门内部协同工作使用的小型网络。

2. 按照网络的数据交换方式划分

（1）线路交换网络

该方式类似传统的电话线路交换方式。网络中计算机进行通信之前，必须申请建立一条实际的物理连接，双方通信的线路接通后开始传送数据。通信过程中独占线路。

（2）报文交换网络

该方式不要求在两个通信节点之间建立专用通路。节点把要发送的信息组织成一个数据包——报文，报文中含有目的地址。报文在传输的过程中要经过若干个中间设备，在每一个交换设备处，每一个节点接收整个报文，检查目标节点地址，然后根据网络中的交通情况在适当的时候转发到下一个节点。等待前往目的地的线路空闲时，再将报文转发出去。报文要经过多次的存储、转发，最后到达目标，因而这样的网络叫存储转发网络。

（3）分组交换网络

该方式将一个长的报文划分为许多定长的报文分组，在每个分组的前面加上一个分组头。网络中的各节点采用存储转发技术将分组传输到接收方，接收方将各个分组重新组装成完整的数据块。这不仅大大简化了对计算机存储器的管理，而且加速了信息在网络中的传播速度。由于分组交换优于线路交换和报文交换，具有许多优点，因此，它已成为计算机网络中传输数据的主要方式。

3. 按照网络的传输技术划分

（1）广播式网络（Broadcast Network）

广播式网络仅有一条通信信道，被网络上的所有计算机共享。在网络上传输的数据单元（分组或包）可以被所有的计算机接收。在包中的地址段表明了该包应该被哪一台计算机接收计算机一旦接收到包，就会立刻检查包中所包含的地址。如果是发送给自己的则处理该包，否则就会丢弃。

（2）点对点网络（Peer-to-Peer）

点对点网络所采用的传输技术是点对点通信信道技术。在点对点网络中，每条物理线路连接一对计算机。如果两台计算机之间没有直接连接的线路，那么，它们之间的分组传输就要通过中间节点来接收、存储、转发直至目的节点。由于连接多台计算机的线路结构一般比较复杂，因此，从源节点到目的节点可能存在多条路由，决定分组从通信子网的源节点到达目的节点的路由需要路由选择算法来计算。

二、无线通信

（一）无线通信技术

无线通信（Wireless Communication）是利用电磁波信号在自由空间中传播的特性进行信息交换的一种通信方式。

在现代社会，无线通信技术十分重要，人们的生产、生活、学习和工作都离不开它。现代无线通信大多是蜂窝通信或分区通信，其无线通信技术主要如下所示。

1. 数字化技术

数字化技术指的是运用 0 和 1 两位数字编码，通过电子计算机、光缆、通信卫星等设备，来表达、传输和处理所有信息的技术。数字化技术包括数字传输、数字编码、数字压缩等技术。目前，在通信领域，数字化技术发挥着很重要的作用，越来越多的通信企业开始向着数字化方向转型，通信数字化的地位变得越来越重要。在现代信息技术中，数字化技术占据核心地位，它利用字符、图像、声音、语言等来传递信息。通过对这些信息载体进行深入分析，可以发现，它们都有着两个共同问题：第一，这些信息载体之间难以实现交流和交换；第二，这些信息载体所承载的信息量比较小。

2. 移动性和个人化

在现代无线通信领域发展之中，最重要的一个成果就是通信的移动性。无线移动通信的萌芽要追溯到19世纪末期，在这一时期，赫兹发明了无线之后，马可尼为人们展示了海上航行的船舶之间的通信，这是历史上最早的有关无线移动通信的相关内容。之后，一些学者针对这一领域展开研究分析，随着时间的推移，社会的发展，到了20世纪20年代，移动无线电调度系统开始在一些国家的陆地公安部门和海军舰船上正式使用。在第二次世界大战之中，一些国家军队的通信部队成功使用了数字编码的话音通信手段，实现了一种保密的通信模式，它涉及话音编码和脉码调制（PCM）技术。实际上，第一批商用移动电话系统，早在1946年就已经建立了，不过这个时期的移动电话并不像现在一般，由拨打者直接拨打给接收者，当时它还需要话务员协助接通电话。又过了一段时间，蜂窝网方式问世了，一个适当大的地区设置多个半径约1 km的蜂窝小区，互相紧密邻近排列，其中心基站可使用较低的射频发射功率，每隔几个蜂窝就可使用相同的频率，节约了无线电频谱资源的利用。

3. 分区制、越区切换和频率复用技术

在移动通信系统之中，容量问题是一个比较基本的问题，通信系统之中的频带是有限的，但是随着进入通信系统的用户变得越来越多。这些有限频带难以满足大量用户的需求，因此就产生了矛盾。分配给移动通信的带宽是有限的，它所提供的信道无法满足用户的需要，这种情况下，就需要通过空间的分区制来补偿这种不足。具体来说，就是将通信空间划分成许多通信小区，它们常常表示为六边形，因为形似蜂窝，由此得名。在移动通信领域之中，这种蜂窝移动通信十分普遍，处于主流发展地位。

所谓频率复用，就是指重复使用频率，它又可以被称为频率再用。在

GSM 网络中频率复用就是使同一频率覆盖不同的区域，即一个基站或该基站的一部分（扇形天线）所覆盖的区域。这些使用同一频率的区域彼此需要相隔一定的距离（称为同频复用距离），以满足将同频干扰抑制到允许的指标之内。

4. 点对点通信及点对多点通信技术

点对点通信实现网内任意两个用户之间的信息交换。当电台接收到带有点对点通信标识信息的数据后，它就会对上面的系统号和地址码与本地的系统号和地址码进行比较，以确保二者是否相匹配。如果比对过程中发现不同，那么数据就会被丢弃；如果比对完全相同，那么数据就会被传送到用户终端。点对点通信时，只有一个用户可收到信息。点对点连接是两个系统或进程之间的专用通信链路，可想象成是直接连接两个系统的一条线路。两个系统独占此线路进行通信。点对点通信的对立面是广播，在广播通信中一个系统可以向多个系统传输信息。

（二）无线通信网络

1. 无线通信网络概念

无线通信网络是指通过无线通信技术建立远距离无线连接的全球语音和数据网络，也包括对近距离无线连接进行优化的红外线技术及射频技术。

2. 无线通信网络模型

（1）移动自组织网络

移动自组织网络是一种对等网络，其中有成千上万个通信节点，这些通信节点确保整个网络的通信连接，它们是可以完全移动的。每一个节点的覆盖距离大约有几百米，每个节点都可以被看作一种个人信息设备。MANET（Mobile Ad-hoc NETworks）的目的是形成并维持一个有联系关系的多跳网络，这种网络能在节点之间传输多媒体业务。

在移动自组织网络中，为了使服务质量最优，需要做好网络的组织结构、路由寻址算法和移动性管理等工作。也就是说，当节点在高速移动情形下，网络仍能提供好的吞吐/时延特性。

（2）蜂窝网络

蜂窝网络是由静止节点和移动节点组成的较大网络。位于通信子网中的静止节点（基站）和构成固定基础设施结构的有线中继网络相连。移动节点的数量大大超过静止节点，每个基站中有成百上千个移动节点。这些移动节点通常分布得很分散，每个基站都覆盖一个很大的区域，且区域之间很少重叠。只有当移动节点移动并发生越区切换时，才会出现区域间的重叠覆盖情况（每个移动节点可能移动到远离基站的位置）。这种蜂窝网络的主要目标就是提供高服务质量和高带宽效率。

（3）短距离无线通信网

短距离无线通信（Short Range Wireless，SRW）是指可以在室内、办公室或封闭的公共场提供近距离通信的技术。一般，SRW 可以在 100 m 以内实现传输速度为 10～100 Mb/s 的低功率近距离通信。SRW 可分为两种：一种是传输范围在 10 m 内，低成本、低功耗的短距离无线连接的无线个人局域网（WPAN）；另一种是以更快传输速度和更大覆盖范围为目标的无线局域网（WLAN）。总而言之，通过 SRW 技术，手机、PDA、NoteBook、数码相机、摄像机、健身器材管理设备等在没有电缆连接的情况下可以实现无线通信或操作，而且用户可以通过 SRW 直接接入建筑物内的局域网（LAN）和语音及数字信息网络。

（三）无线通信网络技术发展

1. 核心网络综合化，接入网络多样化

信息网络的结构模式的发展趋势是核心网络综合化，接入网络多样化。未来，在核心网络之中，多种业务信息的综合传送将成为可能。随着时间的推移，社会的发展，互联网变得越来越普及，它逐渐融入人们的日常生活、学习和工作之中，使得网络覆盖越来越无缝化。它打破了时间与空间的限制，无论在什么地方抑或什么时间，用户都能够接入网络，在网络环境中完成自己的任务。而且，随着技术的发展，网络的数据速率越来越高，频谱带宽越来越宽，频段越来越高。

网络综合化的实现将会进一步促进三网融合的实现。所谓三网融合，就是指电信网、广播电视网和互联网三网的融合，它们彼此之间是互相兼容并逐步整合成一个统一的信息网络。“三网融合”实现了三种网络之间的互相整合，这三种不同网络之间实现了互联互通，彼此之间信息资源共享，用户可以花费更少的时间获得更加丰富、准确的信息，提高了资源查询的效率。同时，它还具备费用低、易于维护、适应性广等优点。在概念上，从不同角度和层次分析三网融合，可以涉及技术融合、业务融合、行业融合，终端融合及网络融合等诸多方面。目前主要是在应用层次上使用统一的 TCP/IP 协议。TCP/IP 协议的普遍采用，将使得各种以 IP 为基础的业务能在不同的网络上实现互联互通。

2. 个人化和 IP 化

21 世纪初，信息领域进一步发展的主要趋势与方向就是信息个人化。而要实现信息个人化，移动 IP 是一个必不可少的重要技术手段。现如今，随着终端的智能化程度不断提升，越来越多的人开始关注移动 IP 技术及各种 IP 应用在手机等智能终端上的实现，IP 技术与移动智能网技术的结合将会为全球个人通信的快速发展注入新的活力。

网络之中数据业务逐渐变得越来越重要，开始占据主导地位，IP 网络逐渐取代原来的电路交换网络，未来网络之中，IP 技术将成为核心技术，TCP/IP 协议将成为主导通信协议，移动通信网络也面临巨大变革。在移动通信网络之中，通用分组无线业务（GPRS）的应用变得越来越广泛，传统的数据接入方式将会被淘汰，在端到端分组传输模式下进行数据的发送和接收逐渐成为用户之间交流的主要方式。在 IP 的基础上组网，基于 IP 核心骨干网的应用实践逐渐起步。

第三节　无线网

一、无线个域网

随着掌上电脑、便携式计算机等电子设备的流行，无线个域网（WPAN）也迅速发展起来。它是基于计算机通信的专用网，覆盖范围大约在 10 m 之内，在这个区域范围内，用户将便携式的电子设备与无线个域网相连接，就可以实现这些便携式电子设备之间的交流和通信。

1998 年，WPANSG（Study Group）成立，它的主要工作是探索研究无线个域网的物理层（PHY）和介质访问控制层（MAC）的标准化，从而制定在个人领域以低功耗和简单结构实现无线接入的标准。

目前，IEEE 802.15.4 标准就是开发出来的满足低功耗、低成本的传感网要求的低速率无线个域网标准，它已经成为物联网中不可或缺的重要通信网络技术之一。

（一）IEEE 802.15.4 标准

1. 物理层的主要功能

IEEE 802.15.4 标准所定义的物理层具有的功能有：激活和惰性化无线电收发器，当前信道的能量发现，接收包的链路质量指示，信道频率选择和数据的发送与接收。

（1）工作频率和数据传输速率（见表 2-3-1）

表 2-3-1　工作频率和数据传输速率

物理（MHz）	频带（MHz）	信道数	码元速率（kchip/s）	调制方式	比特速率（kb/s）	符号速率（ksymbol/s）
868/915	868～868.6	1	300	BPSK	20	30
	902～928	10	600	BPSK	40	40
2 400	2 400～2 483.5	16	2 000	O-QPSK	250	62.5

（2）支持简单器件

IEEE 802.15.4 标准的传输距离比较短，传输速率比较低，功耗也比较低，比较适合简单器件。在 IEEE 802.15.4 标准中定义了 14 个物理层基本参数和 35 个介质接入控制层基本参数，总共为 49 个。这使它非常适用于存储能力和计算能力有限的简单器件。在 IEEE 802.15.4 中定义了两种器件：全功能器件（FFD）和简化功能器件（RFD）。对全功能器件，要求它支持所有的 49 个基本参数；而对简化功能器件，在最小配置时只要求它支持 38 个基本参数。

2. 介质访问控制层的主要功能

IEEE 802.15.4 标准所定义的介质访问控制层的主要功能是为高层访问物理信道提供点到点通信的服务接口。

IEEE 802.15.4 的帧结构，如图 2-3-1、图 2-3-2 所示。

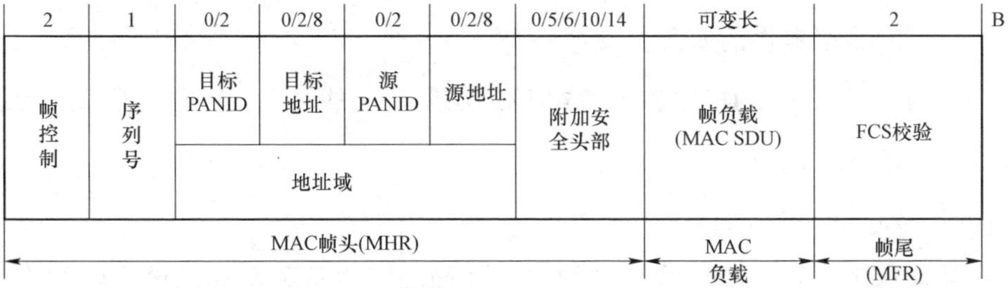

图 2-3-1　IEEE 802.15.4 MAC 层的通用帧结构

前导码 (4B)	SFD (1B)	帧长度（7位）	保留（1位）	PHY业务数据单元 (PSDU，变长)
同步头		物理帧头		PHY负载

图 2-3-2　IEEE 802.15.4 物理层帧结构

（二）ZigBee 协议体系结构

建立在 IEEE 802.15.4 标准之上的 ZigBee 协议体系结构如图 2-3-3 所示，由高层应用标准应用汇聚层、网络层、IEEE 802.15.4 协议组成。

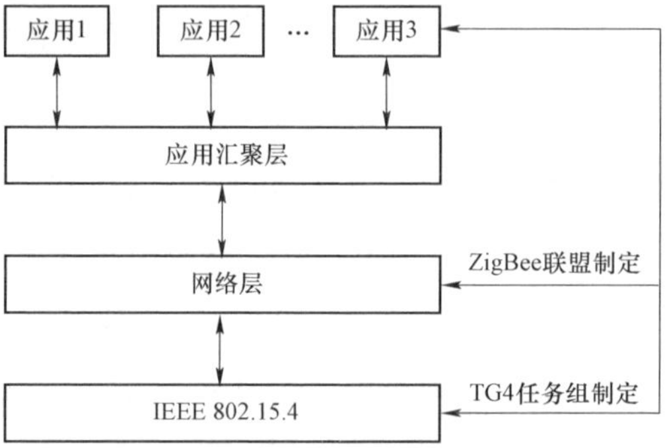

图 2-3-3　ZigBee 协议体系结构

1. 网络层

ZigBee 协议体系结构的网络层的主要任务是建立拓扑结构，维护网络连接，它能够独立处理传入数据的请求、关联等业务，还能够对关联业务进行解除。

（1）网络层提供的服务

网络层提供保证 IEEE 802.15.4MAC 层所定义的功能，同时，能为应用层提供适当的服务接口。

（2）ZigBee 网络配置

数据速率比较低的无线个域网包含精简功能设备和全功能设备两种无线设备，精简功能设备简称 RFD，全功能设备简称 FFD。精简功能设备之间彼此无法通信，它只能与全功能设备通信，而全功能设备既可以彼此之间相互通信，同时也可以与精简设备通信，它的能够更加强大一些。

（3）ZigBee 网络拓扑结构

ZigBee 技术的组网能力十分强大，可组成多种网络拓扑结构，如图 2-3-4 所示，有星形、网状（Mesh）网和混合网。这些不同的网络拓扑结构有着不同的特点，在实际应用过程中，可以根据它们的不同特点来将其应用在适合的地方。

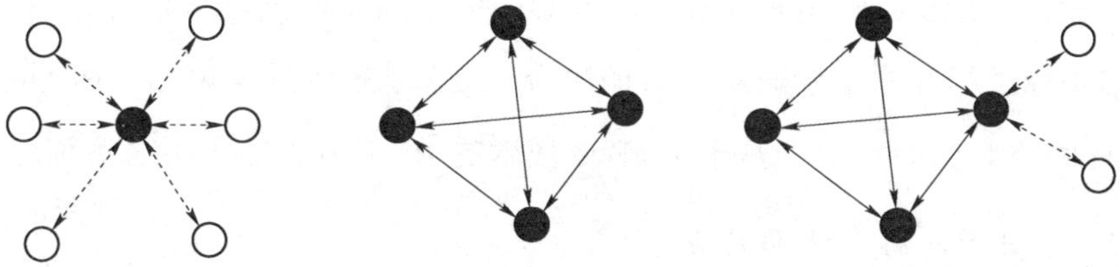

(a) 星形网　　(b) Mesh网　　(c) 混合网

图 2-3-4　ZigBee 网络拓扑结构

2. *应用层*

ZigBee 协议体系结构的应用层有 ZigBee 设备配置、应用汇聚层及用户应用程序。通常情况下，各个制造商有权自行确定用户应用程序，并利用应用层协议来管理协议栈，也就是说，ZigBee 协议体系的应用层有着高级协议管理的功能。

无线传感网需要借助距离短、功耗低的无线通信技术来实现。在物联网之中，无线传感网是最末梢的部分，它能够对监测区域内的传感器进行感知，从而将感知到的信息传递到网关，实现对区域内目标对象的监测。个人或者家庭范围内的不同设备之间进行联网的时候，由于缺乏一个比较统一的规范标准，连接就会比较困难。而 IEEE 802.15.4 标准则解决了这个问题，它主要是针对低速无线个域网的无线通信标准，核心目的在于实现低功耗和低成本的通信体验。

（三）ZigBee 网络系统

ZigBee 技术是在 IEEE 802.15.4 无线标准基础上研发出来的，它主要适用于无线个域网之中。它可以应用在医用设备控制、消费性电子设备、家庭和楼宇自动化、无线数据采集等多个领域之中，给人们的学习、生活和工作带来了极大的便利。

1. ZigBee 网络系统的构建

IEEE 802.15.4 网络是指在一个 POS 内使用相同无线信道并通过 IEEE 802.15.4 标准相互通信的一组设备的集合，又名 LR-WPAN 网络，其实也就是 ZigBee 网络。例如，一个基于 ZigBee 技术的 IEEE 802.15.4 网络系统。

2. ZigBee 网络系统的特点

（1）ZigBee 网络系统的一个显著特点就是功耗比较低。

（2）在 ZigBee 网络系统之中，当它正处于休眠状态的时候，要将其激活所使用的时间比较短，搜索设备、接入活动设备信道接以及通信时所需要的时间等都比较短。因此，时延短也属于它的一个特点。

（3）ZigBee 网络系统的数据传输速率比较低，在 868 MHz 频段时传输速率为 20 Kb/s，在 915 MHz 频段时数据传输速率为 40 Kb/s，在 2.4 GHz 频段时数据传输速率为 250 Kb/s。

（4）ZigBee 网络系统的数据传输范围比较小，如果不使用功率放大器，只能覆盖一般家庭和办公环境区域，节点有效传输范围大概在 10～75 m。

（5）ZigBee 网络系统的数据传输比较可靠。

（6）ZigBee 的协议比较简单，而且不需要花费专利费，同时网络系统所需要的存储空间也比较小。因此，它所需的成本就比较低。

（四）超宽带技术

超宽带（Ultra Wide Band，UWB）技术是一种新型的无线通信技术，它可以被应用于短距离无线通信领域之中。随着物联网逐渐发展起来，超宽带技术也有了更加广阔的应用空间，它可以作为物联网的基础通信技术之一，实现物联网中各项设备之间的互联互通。

UWB 是一种无载波扩谱通信技术，又被称为脉冲无线电（Impulse Radio），具体定义为相对带宽（信号带宽与中心频率的比）大于 25%的信号或者是带宽超过 1.5 GHz 的信号。实际上 UWB 信号是一种持续时间极短、带宽很宽的短时脉冲。它的主要形式是超短基带脉冲，宽度一般在 0.1～20 ns，脉冲间隔为 2～5 000 ns，精度可控，频谱为 50 MHz～10 GHz，频带大于 100%中心频率，典型占空比为 0.1%。传统的 UWB 系统使用一种被称为“单周期（monocycle）波形”的脉冲。

UWB 具有对信道衰落不敏感、发射信号功率谱密度低、截获能力低、系统复杂度低能提供数厘米的定位精度等优点，非常适于无线传感网。

二、无线局域网

通常，在有线局域网之中，所使用的传输介质是有线传输介质，比如电缆等，而无线局域网之中所使用的传输介质都是无线传输介质，如红外线、无线电波等。无线局域网的覆盖半径在 100 m 浮动，能够支持从十几兆到几十兆的无线接入。

（一）IEEE 802.11 标准系列

IEEE 802.11 标准系列主要从 WLAN 的物理层和 MAC 层两个层面制定了系列规范。物理层标准规定了无线传输信号等基础标准，如 802.11 a、802.11 d、802.11 g、802.11 h，而介质访问控制子层标准是在物理层上的一些应用要求标准，如 802.11 e、802.11 f 等标准涵盖了许多子集，包括：

（1）802.11 a：将传输频段放置在 5 GHz 频率空间。

（2）802.11 h：将传输频段放置在 2.4 GHz 频率空间。

（3）802.11 d：Regulatory Domains，定义域管理。

（4）802.11 e：QoS，定义服务质量。

（5）802.11 f：IAPP（Inter Access Point Protocol），接入点内部协议。

（6）802.11 g：在 2.4 GHz 频率空间取得更高的速率。

（二）IEEE 802.11 WLAN 基本结构

IEEE 802.11 WLAN 的基本结构如图 2-3-5 所示。

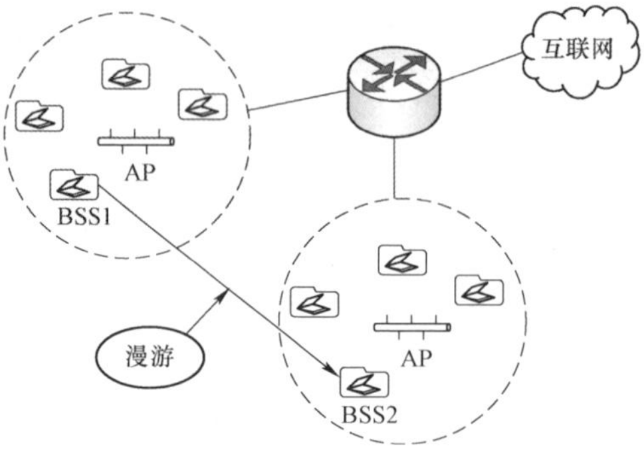

图 2-3-5　IEEE 802.11 WLAN 的基本结构

（三）IEEE 802.11 帧结构

IEEE 802.11 帧结构包括控制帧、管理帧和数据帧三类。MAC 头部提供了关于帧控制、持续时间，寻址和顺序控制的信息。每种帧包含了 MAC 子层的一些字段的头。这三种帧结构适用于不同的情境之中，要确保其在规定的情境中使用。例如，当进行数据交换之时的握手和确认操作的时候，会用到控制帧；当站点与 AP 发生关联或解关联、定时和同步，身份认证以及解除认证的时候，使用管理帧；当需要进行数据传送的时候，使用数据帧。

（四）Ad Hoc 网络

Ad Hoc 网络是由许多带有无线收发装置的通信终端（也称为节点、站点）构成的一种自组织的自治系统。互联网工程任务组（IETF）对 Ad Hoc

网络的定义是：一个移动 Ad Hoc 网络可以看作是一个独立的自治系统或者是一个对互联网的多跳无线扩展。作为一个自治系统，它有自己的路由协议和网络管理机制；作为多跳无线扩展，它对互联网提供一种灵活、无缝的接入。

（五）无线局域网的构建

1. WLAN 的组网模式

通常，无线局域网的组网模式主要可分为有固定基站和无固定基站两种。在有固定基站的网络中，网络用户的便携式计算机可以通过基站（又称为访问点 AP）与网络相连接，它与移动通信有些类似。在无固定基站组成的网络中，网络用户的便携式计算机之间组成了平等结构网络，它又可以被称为自组网络。

在很多领域中都可以应用这种网络，用途广泛，它经常被用来接入宽带无线互联网或延伸有线局域网的覆盖范围。

2. WLAN 采用的传输介质

WLAN 经常采用的传输介质主要有两种，分别是无线电波（RF）或红外线 IR（Infrared Radiation）。

通常情况下，无线电波之中被使用最多的主要有三个频段，分别是 L 频段（902～928 MHz），S 频段（2.4～2.4835 GHz）和 C 频段（5.725～5.85 GHz）在这三个频段之中，大多数无线产品都会使用 S 频段，它又可以被称为工业、科学、医疗频段。

红外线是一种电磁波，它的频率介于可见光和微波之间，波长为 750 nm～1 mm，它超出了人的眼睛的可见光范围，因此，对于人来说，肉眼是看不见红外线的。利用红外线进行数据传输就是视距传输，这种数据传输方式不会干扰邻近的类似系统，也非常难以进行窃听操作。因此，无线局域网利用红外线作为传输介质，优点众多。红外数据协会（IRDA）规定了一个红外线波长范围，即 850～900 nm，旨在帮助不同厂商的产品实现最优质的传输，提升其传输效果。

3. WLAN 的应用范畴

无线通信技术和计算机网络相互结合，构成了无线局域网。无线局域网是有线局域网的补充和延伸，它有着有线局域网的功能，无论何时何地，用户都能够接入宽带网络，进入网络世界，浏览搜索自己需要的东西，进行数据传输等。不仅如此，无线局域网还能够与现有的有线网络环境互为备份。目前，无线局域网的数据传输速率已经触及了 54 Mb/s（802.11 g）的峰值，并可以达到超出 20 km 的传输范围。在现实生活中，无线局域网的应用范围也越来越广泛，它们的应用主要涉及以下五个关键领域。

（1）多个普通局域网及计算机的互联。

（2）多个控制模块（Control Module，CM）通过有线局域网的互联，每个控制模块又可支持一定数量的无线终端系统。

（3）具有多个局域网的大楼之间的无线连接。

（4）为具有无线网卡的便携式计算机、掌上电脑、手机等提供移动、无线接入。

（5）无中心服务器的某些便携式计算机之间的无线通信。

三、无线城域网

1999 年，IEEE 设立了 IEEE 802.16 工作组，其主要工作是建立和推进全球统一的无线城域网技术标准。整个工作组通过不断地分析研究，随着时间的推移，逐渐推出了一系列标准，如 IEEE 802.16、IEEE 802.16 a、IEEE 802.16 b 等。2001 年，WiMAX 论坛组织成立，它的目的是使更多的人了解 IEEE 802.16 等一系列技术标准，对其进行推广传播，因此，相关无线城域网技术又被叫作“WiMAX 技术”。

WiMAX 论坛组织成立后，便大力推广 WiMAX 技术。目前，在这个组织之中有 300 多个成员，其中包括很多行业巨头，如英特尔、诺基亚、英国电信、AT&T 等。这主要是因为它有着独特的技术优势，简要来说，包括以下两点。

（1）WiMAX 技术的安全性比较高。它的空中接口专门在 MAC 层上特别增设了私密子层，以对进入其中的用户进行过滤，只有合法的用户才能够接入，非法用户则会被阻拦在外面，无法进入，同时它还具有加密功能，能够对用户信息进行保密，以免泄露其隐私。

（2）不存在“最后 1 km”的瓶颈限制，系统容量大。WiMAX 作为一种宽带无线接入技术，它可以将 Wi-Fi 热点链接到互联网，也可作为 DSL 等有线接入方式的无线扩展，实现最后 1 km 的宽带接入。WiMAX 可为 50 km 区域内的用户提供服务，用户只要与基站建立宽带连接即可享受服务，因而其系统容量大。

另外，它还有着传输距离远、接入速度高、应用范围广及能够提供广泛的多媒体通信服务等优点，这里不再详述。

当然，除了上面所述的这些优点之外，WiMAX 技术还有一些缺陷。具体来说，主要可分为三点，分别是技术标准和频率问题、成本问题、与现有网络的相互融合问题，对其进行简要分析。（1）一些国家的频率资源紧缺，WiMAX 技术要用到的频带分配就比较有难度，就会直接关系到系统的规模大小和容量，进一步影响运营商的运营方向与投资力度。（2）WiMAX 技术所花费的成本比较高，难以进行普及。（3）IEEE 802.16 系列技术标准仅仅规定了空中接口，缺乏对业务、用户的认证等标准的统一规范，因此，它的使用离不开与现有网络的相互融合，二者融合过程中免不了就会出现问题。

总之，从技术层面讲，WiMAX 更适合用于城域网建设的“最后 1 km”无线接入部分，尤其对于新兴的运营商更为合适。它与其他设备（比如 Vop、Wi-Fi 等）相配合，能够更好地为用户提供语音、图像、数据等高质量服务。WiMAX 技术可以作为有线系统的补充，那些有临时通信需要的领域或者有线系统覆盖不了的区域，就可以应用 WiMAX 技术。未来，在无线宽带市场之中，WiMAX 将会被大范围投入使用，并占据重要地位，其所花费的成本也将会显著下降。

四、无线广域网

无线广域网（WWAN）是采用无线网络把物理距离极为分散的局域网（LAN）连接起来的通信方式。通常情况下，它的传输速率大约为 3 Mb/s。相比起其他无线网络来说，无线广域网的覆盖范围十分大，地域宽广，它不局限于某一个城市、某一个地区，而是可以覆盖整个国家或者整个洲。它能够将那些分布比较远的各个局域网联系起来，实现它们的互联互通。它主要有两部分结构，一是通信系统，二是末端系统，通信系统就是指无线广域网的中间链路部分，末端系统就是指无线广域网的两端用户集合部分。

在无线广域网之中，有一个重要标准，即 IEEE 802.20 标准。在此之前，还有 IEEE 802.1x 协议族，正是由于它在移动性上存在缺陷。所以，IEEE 802.20 标准才得以提出，IEEE 802.20 标准改善了移动性上的缺陷，解决了移动性与传输速率相互矛盾的问题，实现了高速移动环境下的高速率数据传输。它是一种适用于高速移动环境下的宽带无线接入系统空中接口规范。

这里，针对 IEEE 802.20 标准进行简要分析。在设计理念方面，IEEE 802.20 标准采用的是以分组数据为基础的纯 IP 架构，与 3G 技术相比，它能够更好地适应突发性数据业务，性能更加优越，与 3.5G（HSDPA、EV-DO）性能相当。在物理层技术方面，IEEE 802.20 标准的核心技术是多输入多输出技术（MIM0）和正交频分复用技术（OFDM），它能够更加充分地挖掘时域频域和空间域的资源，使得系统的频谱效率大大提高，IEEE 802.20 标准在部署成本与实现方面也展现出了显著的优越性。

IEEE 802.20 能够满足无线通信市场高移动性和高吞吐量的需求，具有性能好、效率高成本低和部署灵活等特点。与 IEEE 802.11 相比，它的移动性更加优越，设计理念也与下一代无线通信技术的发展趋势相契合，有着广阔的发展前景。

目前，IEEE 802.20 系统技术标准和产业链仍有待完善，产品市场还没有成熟。因此，这时候，我们还无法明晰它未来在市场中的位置。典型应用室外无线网桥设备在众多行业中应用广泛。例如，在教育行业之中，教育系统可以在教学楼、图书馆、学生宿舍之间利用无线接入设备建立网络连接；电力系统可以利用无线网桥产品连接不同地区的电力局、电厂和变电站，实现它们的网络连接。这样，它们彼此之间就可以更加便捷地进行信息传输和沟通交流，实现办公自动化；税务系统利用无线网桥设备可以将税务局、税收部门和各个税务点连接起来等。无线网络建设可以不受山川、河流、街道等复杂地形限制，并且具有灵活机动、周期短和建设成本低的优势。政府机构和各类大型企业可以通过无线网络将分布于两个或多个地区的建筑物或分支机构连接起来。无线网络特别适用于地形复杂，网络布线成本高、分布较分散、施工困难的分支机构的网络连接，可用较短的施工周期和较少的成本建立起可靠的网络连接。

第四节　移动通信网络

移动通信使电话摆脱了电缆的束缚，让人们可以以更加灵活方便的方式进行交流。在物联网时代，移动通信将发挥更大的作用。一个完整的物联网系统由前端信息生成、中间传输网络及后端的应用平台构成，如果将信息终端，通常是 RFID、传感器及各种智能信息设备，局限在固定网络中，期望中无所不在的感知识别将无法实现。而移动通信，特别是 5G 将成为“全面、随时、随地”传输信息的有效平台。

一、第一代移动通信系统（1G）

1G（First Generation）即第一代移动通信系统，也就是模拟蜂窝移动通信系统，其采用模拟制式，多址方式是频分多址（FDMA），调制方式是调频（FM），主要承载语音业务。第一代移动通信以美国的AMPS系统和欧洲的TACS为代表，我国在20世纪80年代末，引入了TACS技术，建成开通了中国第一个公用移动通信网。

各个国家的制式、频带和信道带宽都是不同的，因此，当时的移动通信系统只是在比较近距离的情况下使用，是一个区域性的移动通信系统，较远距离之间的通信十分不方便，用户一旦离开了开户省区或本国时，相互之间的漫游就变得很不方便。另外，当时我国所使用的第一代移动通信系统是一种模拟蜂窝移动通信系统，在使用过程中，它存在的各种问题也逐渐暴露出来，如呼叫中断率高、业务种类单一、频谱效率低等。随着经济的发展，人们的生活水平不断提高，移动通信用户也越来越多。他们对移动通信的要求也变得越来越高，不断寻求容量更大、业务更多、服务质量更高的移动通信系统，这是当时最主要的问题。需求推动发展，此时数字信号的出现，使人们看到，通过传输数字信号也可以达到传输模拟信号的目的，而且数字信号比模拟信号有更加优越的性能，保密性强，差错容易恢复，数字通信比模拟通信有更多的业务种类，使得人们把目光从模拟通信转向了数字通信。

二、第二代移动通信系统（2G）

第二代移动通信系统的多址方式有时分多址（TDMA）和码分多址（CDMA）两种，这两种多址方式都有其典型代表，时分多址的典型代表是欧洲的GSM系统，码分多址的典型代表是美国的IS-95系统。相比起第一代移动通信系统，2G有很多优势，例如，第二代移动通信系统结合使用频率和时间共同来寻址，这扩大了其容量，也提高了频谱的利用率；第二代移动通信系统具有较好的保密性；第二代移动通信系统有更强的抗干扰和抗衰落能力，确保了优良的语音效果。除此之外，它也存在着一些缺陷。例如，数据传输速率比较低，无法满足用户日益增长的数据传输类业务；第二代移动通信系统使用时分复用技术和电路交换技术，即便用户不使用某个时隙，它仍然会被分配给用户，造成了资源浪费，而且当有突发分组业务产生的时候，它无法对其进行处理。为了改进第二代移动通信系统强制给用户分配时隙这一缺点，人们采用基于统计复用的技术，这使得资源利用率得以提高。

三、第二代半移动通信系统（2.5G）

第二代移动通信系统（2G）的数据传输速率比较低，第二代半移动通信系统则对这种劣势进行了改进，它是一种介于 2G 与 3G 之间的过渡技术，又可以被称为 2.5G。第二代移动通信系统（2G）对用户进行固定时隙分配，比较浪费，第二代半移动通信系统（2.5G）将分组交换技术引入其中，将原来的固定时隙分配，变成统计时分复用，这就使得数据传输速率大大提高了，2.5G 其峰值速率可达 153.6 kbps。GPRS 是在 GSM 的基础上实现的一种分组交换的数据承载和传输方式，相比起 GSM，它在数据业务的承载和支持上的优势十分明显：GPRS 的数据传输的速率的理论峰值达 117.2 kbps，比 GSM 更高；GPRS 十分适合那些频繁的、突发性的小流量数据传输，它对无线网络信息资源的利用也更加有效；在进行数据传输的同时，GPRS 还具备语音通话功能等。不过，尽管第二代半移动通信系统相比起第二代移动通信系统的信号传输速率提升了很多，但是实际上它并没有摆脱无线信道的多径效应对信号传输速率的限制，仍然无法满足人们对移动通信系统的高速率、多业务的需求，使得移动通信技术必须在制约速度提高的抗多径效应上有进一步发展。

四、第三代移动通信系统（3G）

从 1985 年 FPLTMs 概念被提出，ITU 就一直致力于标准的制定和修改。1919 年，ITU 正式成立 TG8/1 任务组，专门负责 FPLMTS 标准制定工作。1992 年，ITU 召开了世界无线通信系统会议，对 FPLMTS 的频率进行了划分。1997

年初，ITU 向各国发出通函，要求各国在 1998 年 6 月之前提交关于 IMT-2000 无线接口技术的候选方案，最后一共收到了 15 份有关第三代移动通信无线接口的技术方案，其中包括我国自主研究制定的 TD-SCDMA 标准。2000 年 5 月，ITU 正式公布了第二代移动通信标准。众多 3G 都利用了 CDMA 相关技术，CDMA 系统以其频率规划简单、频率复用系数高、系统容量大、抗多径衰落能力强、软容量、软切换等特点显示出巨大的发展潜力。我国采用的三种 3G 标准分别是 TD-SCDMA、WCDMA 和 CDMA2000。下面分别进行讨论。

（一）TD-SCDMA

TD-SCDMA（Time Division-Synchronous Code Division Multiple Access）即时分—同步码分多址。相对于 WCDMA 和 CDMA2000，它的起步较晚。该标准是原邮电部电信科学技术研究院于 1998 年 6 月向 ITU 提出的 3G 标准，于 2000 年正式成为 ITU 第三代移动通信标准 ITM-2000 建议的一个组成部分，也得到中国无线通信标准组（Chinese Wireless Telecommunication Standards，CWTS）和 3GPP 的全面支持。

TD-SCDMA 将 SDMA（Space Division Multiple Access，空分多址）、同步 CDMA 和软件无线电等当今国际领先技术融会在一起，可以对频率和不同业务灵活搭配，高效率利用频谱等有效资源，加上有 TDMA 和 FDMA 的技术支持，使得抗干扰素力强、系统容量大。目前 TD 又分为 TD-SCDMA 和 TD-HSDPA。TD-SCDMA 主要负责提供话音和视频电话等最高下行频率为 384 Kb/s 的数据业务，而 TD-SCDMA 是一种数据业务增强技术，可以提供 2.8 Mb/s 的下行速率。

CDMA 系统是一个自干扰系统，如果一个小区之中如果有很多用户都使用它，那么干扰就会增大，从而影响其功能的发挥。就好像在一个房间之中，如果一个人说话，那么人们就会听得十分清晰，但是如果很多人一同说话，就会显得乱糟糟的，那么就很难听清楚他们到底说了些什么。因此，在 CDMA 系统之中，随着用户数量的增加，干扰信号就会变强，它所覆盖的实际有效面积就会减小，这种现象就是 CDMA 系统的“呼吸效应”。这种“呼吸效应”与它是自干扰系统有着很大的关系，比如，比较标志性的同频自干扰系统还有 CDMA2000 和 WCDMA 系统，它们两个也会产生“呼吸效应”，邻近用户之间就会产生自干扰现象，尤其是移动终端以最大的接收和发送功率来完成 HSDPA 业务，加上系统之中的话音用户的干扰，会导致用户实际能得到的速率要比理论速率低很多。与 CDMA2000 及 WCDMA 不同，TD-SCDMA 系统不再是一个自干扰系统，其基站覆盖面积不会受用户数量的改变而显著变化，“呼吸效应”基本被消除了。这主要是因为，它所产生的最大干扰现象已经被低带宽的 FDMA 和 TDMA 限制住了，低带宽的 FDMA 和 TDMA 使得产生呼吸效应的因素显著降低。TD-SCDMA 系统有着灵活的上下时隙配置，在单时隙中运用 CDMA 技术提高系统容量，同时还使用 SDMA 技术和联合检测技术追踪客户终端的信号，运用下行信号能量在最大程度上避免了干扰。

另外一个关于移动通信干扰的问题是“远近效应”。假设手机用户在某一个基站覆盖面积内的小区里是随机分布的，到基站的距离也可能处于高速变化中。同时假设手机用户的通信功率始终是固定的（为了保证时刻连通性，经常是以最大通信距离的功率进行发送和接收），然而这种静态方式很有可能会导致一种不好现象的发生，即功率过剩。有时候，手机用户可能所在的地方与基站之间的距离并不远，但是这时候传输数据的功率却可能依然很大，这就会产生功率过剩现象，过剩的那一部分功率会干扰基站对其他信号的获取情况，同时还可能会导致有害电磁辐射的形成，对人体健康产生不利影响。如果人们长期接触，严重的时候甚至会患上白血病、癌症等病症。为了遏制这种“远近效应”，避免可能会发生的种种不好的现象，人们找到了一种动态调控功率的方法。具体来说，就是指手机终端在发送和接收信息的时候不能始终以最大通信距离的功率来进行，而是应该根据自己距离基站的通信距离对传输功率进行动态调整。当终端距离基站的通信距离比较近的时候就使用比较小的传输功率，当终端距离基站的通信距离比较远的时候就使用比较大的传输功率。这样就能避免传输功率过剩的问题，同时也能够很好地保持手机终端与基站之间的可连通性。

为了最大化地利用资源和合理地服务于客户，TD-SCDMA 选择了动态信道分配的策略，当用户有需求的时候才会对其分配频率、码字、时隙等资源，这样能够更好地适应网络之中干扰与负载的变化，同时也能够实现信道资源的最大化利用，从而更好地在 3G 网络中实现高速率多元化信息传输业务。

（二）WCDMA

WCDMA（Wideband Code Division Multiple Access，宽带码分多址）最先由爱立信公司提出，是一种由 3GPP 具体制订的、基于 GSM-MAP 核心网、以 UTRAN（UMTS 陆地无线接入网）为无线接口的第三代移动通信系统。最初 IWCDMA 的设计是为了能和现有的 GSM 网络协同合作，即两者的蜂窝系统是可以互相融合的，客户并不会因为穿越两个系统的蜂窝单元而丢失当前的呼叫。2001 年 5 月，第一个商用 WCDMA 3G 网络由日本 NTT DOCOMO 公司推出。这是当时日本最大的移动电话营运公司，同时这也是当时世界上 3G 移动电话服务的开端。从这一时期开始，各个国家对 3G 移动电话服务的投入和研究越来越大且深入，日本的这种 3G 移动电话服务被 NTT DOCOMO 公司命名为 FOMA（Freedom Of Mobile Multimedia Access，自由移动的多媒体接入）。2001 年 10 月，FOMA 开始进行全面商用，3G 正式亮相，世界上首个第三代商用移动网络诞生。

WCDMA 技术主要就是将信息扩展成 3.84 MHz 的宽带后，在 5 MHz 带宽内进行传输上行技术参数主要基于欧洲 FMA2 方案，下行技术参数则基于日本的 ARIBW-CDMA 的方案 WCDMA 技术包括 FDD 与 TDD 两种工作方式。前者工作在覆盖面积较大的范围内，其主要特点是可以在分离（上下行频率间隔 190 MHz）的两个对称频率信道上进行接收和传送工作，而后者侧重于业务繁重的小范围内。

WCDMA 支持高速数据传输，完全支持 3G 所要求的慢速移动时 384 Kb/s，室内走动时 2 Mb/s，还支持可变速传输。WCDMA 定义了 3 条可利用的公共控制信道及2条专用信道。公共控制信道包括：广播公共控制信道（BCCH），携带系统和小区特定的信息；寻呼信道（PCH），把消息送到寻呼区的移动台；前向接入信道（FACH），把消息从基站送到一个小区内的移动台。专用控制信道（DCCH）包括两个信道，即主专用控制信道（SDCCH）和辅助专用控制信道（ACCH）。专用业务信道（DTCH）用于上下行中点到点的数据传输。WCDMA 将这些控制信道通过不同方式映射到相应的物理信道。在上行链路上，物理有2路专用信道：带有用户数据的专用物理数据信道（DPDCH）和用来携带控制信息的专用物理控制信道（DPCCH）。下行链路有3条公共物理信道：主和辅公共控制信道（CCPCH），携带下行公共控制逻辑信息（BCCH，PCH 和 FACH 的信息）；同步信道（SCH），提供定时信息，并用于移动台的切换检测；专用信道（DPDCH 和 DPCCH），是时分复用的。

和 TDSCDMA 只支持同步基站不同，WCDMA 可以同时支持异步和同步的基站运行方式，同时，它的传输速率是不固定的，根据不同情况可以进行动态调控，还能够运用多码并行传送方式和改变扩频比方式实现多媒体的业务应用；WCDMA 系统的功率控制是上下行快速、高效的，它大幅度减少了多址干扰，同时使得系统容量大大提升，增强了系统承载能力，而且还使得传输功率得到了大幅度降低；针对 GSM/GPRS 网络的兼容来说，它可以实现软切换和更软切换，主要有三种切换方式，分别是载频间硬切换、小区间软切换以及扇区间软切换。

（三）CDMA2000

在三种制式中，WCDMA 和 TD-SCDMA 由标准组织 3GPP 制定，而 CDMA2000 由标准组织 3GPP2 制定。CDMA2000 是 IS-95 的一种扩展，并且与 IS-95 完全向后兼容。同 WCDMA 一样，CDMA2000 也使用了一段 5 MHz 的带宽，但是不能与 GSM 协同工作。

从 CDMA 过渡到 3G 的途径有两条：一条是经由 CDMA20001X 先过渡到 EV-DO，然后再过渡到 EV-DV；另一条是从 CDMA20001X 直接过渡到

EV-DV。EV-DO 的数据业务是运用单独的载波来支持的，在 1.25 MHz 的信道内能够实现高峰值速率达到 2.4 Mb/s 的数据速率传输，不过它无法实现 CDMA20001X 的后向兼容，要部署它所需要的专门频谱，这是 EV-DO 的主要技术特点。在同样是 1.25 MHz 的信道内，EV-DV 的最高速率要比 EV-DO 的要更高一些，它可以达到 3.1 Mb/s，EV-DV 可以同时提供语音和高速分组数据业务，还可以同时支持实时业务和非实时业务。

从 CDMA 升级到 EV-DO 同样需要经历两步：CDMA→CDMA20001X→CDMA20001XEV-DO。CDMA20001X 是 CDMA 技术标准系列中的一环，是 2.5G 的技术标准，在实际应用中的表现要远好于 GPRS，但从传输速率上看还是属于同一数量级，实际应用不如 EDGE 考虑到 ADSL 等有线网络的竞争，CDMA2000 必须能够保证足够的数据带宽。高通公司从 1996 年就开始开发 HDR（High Data Rate，高数据速率）技术，2000 年形成了 1XEV-DO 标准，并且于 2001 年被 ITU-R 接受为 3G 技术标准之一，2002 年投入商用。

CDMA2000 标准演进路线如图 2-4-1 所示。

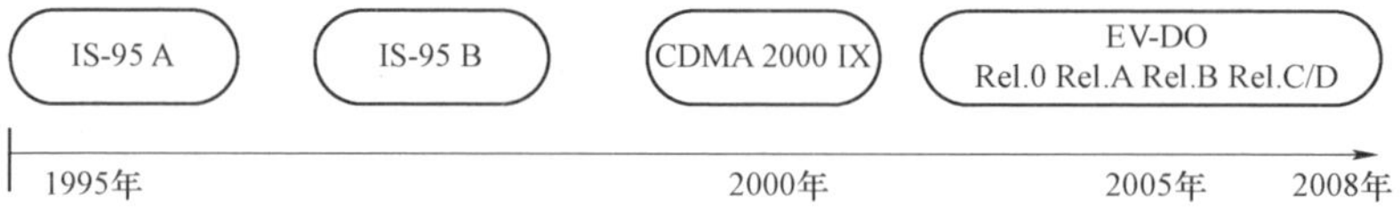

图 2-4-1　CDMA2000 标准演进路线

CDMA20001XEV-DO Rev.A（版本 A）技术在一个无线信道传送高速数据以及报文数据的情况下，支持向前链路数据速率最高为 3.1 Mb/s，在实际应用中的表现基本与 2MADSL 相当，反向链路速率最高可以达到 1.8 Mb/s。另外，CDMA20011XEV-DO Rev.A 提供了 QoS 服务质量保障机制和引入了数据源控制信道（DSC），使终端可以预先向网络进行通知，包括同步数据传输队列，然后再根据信道情况选择服务区。这种预先设置可以极大减少切换引起的中断时延，进而实现客户端移动中无缝切换。

相比于单载波 EV-DO，EV-DO RevB 具有如下优势：（1）扩大了带宽，多载波的设计可以支持高达 20 MHz 的带宽，这使得终端可以实现负载平衡以及频率选择性。（2）进一步提升了前向及反向传输速率，这是因为单载波只能获得时域上的多用户分集，而多载波 EV-DO 除了时域还可以获得频域上的多用户分集，因而能够提高频谱利用率，改善上下行链路的性能。更重要的是，EV-DORevB 拥有更多的载波部署方案，除了在版本 A 的系统上增加载波以外，还可以对不同的载波使用不同的频率复用系数，从而提高系统频带的利用率。（3）EV-DO RevB 对 CDMA20001X 和 1XEV-DO 网络及终端设备的向后兼容性也是很强的。（4）关于功耗，版本 B 主要采用了快速寻呼信道、非连续传输技术、非连续接收技术等，有效降低了终端的功率开销。

五、第四代移动通信系统（4G）

从现时的情况考虑，虽然 3G 技术的确为我们带来了众多高品质的信息服务，但是随着第三代移动通信系统的日益发展完善，人们对移动通信系统的要求也逐渐增多，这就推动着人们将他们的关注点转向 4G 这一市场，以满足人们不断增长的需求。这些需求涵盖通信质量、覆盖范围、高速数据、高分辨率多媒体服务等，如人们想要更清晰明了的视频效果、在高速移动中仍然有兆比特级别的数据传输率等。第四代移动通信系统也被称为“多媒体移动通信”，这主要是因为相比起第三代移动通信系统，它的无线多媒体通信服务能够将语音、数据、影像等大量信息透过宽频的信道传送出去，在多媒体服务方面功能更强大。

目前，关于第四代移动通信系统（4G），还没有一个精确的定义，不过，第四代移动通信系统从智能性和通信速度方面都远远超过了第三代移动通信系统，这是毋庸置疑的。4G 手机借助其高带宽的优势，也能够为人们提供性能和分辨率更高的流媒体内容和影视节目，给予观众更好的视觉体验。第四代移动通信系统还引入了多个功能卓越的突破性技术，这大大增加了无线频率的使用有效性，使用与以前相同数量的无线频谱，用户可以做到更多的事情。

早在 2004 年 11 月，3GPP 在魁北克会议上决定开展 3G 系统的长期演进（Long Term Evolution，LTE）研究项目。通过不断地研究与分析，得出的 3GPP LTE 包括两种制式，即 LTE-TDD 和 LTE-FDD。而 LTE-TDD 模式就是 TD-LTE 技术，从名称可以看出，TD-LTE 吸纳了很多 TD-SCDMA 的技术元素，体现了我国在 TD-SCDMA 产业发展上已取得的成绩。TD-LTE 的系统架构就是按照移动宽带业务特点来设计的，因此它能够更好地承载移动宽带的业务，带宽比较高，从发出端传输到接收端所需要的时间比较短，成本低，效益高，表现得尤为出色。而且，现如今 TD-LTE 标准也已经被国际产业所接受，这为我国未来一代的移动通信行业进入国际主导位置提供了不可多得的机会。

2009 年 10 月，中国向 ITU 提交了 TD-LTE-Advanced 技术方案，这一技术正是 3GPPLTE-Advanced（LTE-A）的 TDD 分支。ITU 正式确定 LTE-A 成为 4G 国际标准候选技术，并且，LTE-A 最终成为 4G 国际标准的可能性非常大。

2010 年 4 月 15 日，全球首个 TD-LTE 规模演示网络正式运行。它的地点是上海世博园区，建设主办方是中国移动。中国移动在上海世博园区建设了 3 个室内站点和 17 个室外站点，覆盖范围很大，包括整个世博园区和穿越园区的黄浦江江面，以及其他 9 个场馆。在世博期间，上海世博园内的 TD-LTE 网络提供了多项特色业务应用演示，如高速上网卡、移动高清视频点播、移动高清视频监控等。

现在来看，4G 通信发展还没有柳暗花明，甚至许多人都认为 4G 将是人类有史以来发明的最复杂的系统。从实现的过程来看，除了会遇到 3G 发展过程中的问题，如说标准的系统、市场的消化普及、基础设施的更新等，其复杂的理论技术则更是需要几年甚至更长时间的研发。目前，世界范围内各相关人员针对 4G 技术在各个领域的应用不断展开研究，ITU 的 4G 全球标准化工作也在全面展开之中。随着 4G 技术在多个产业领域得到越来越广泛的应用，未来其高带宽和高智能性或许可以解决物联网的物体通信之间的大量数据的传输问题。

六、第五代移动通信系统（5G）

随着时间的推移，现在物联网已经被应用到人们生产、生活、学习、工作的各个领域之中，并且给人们带来了极大的便利。不过，随之而来的针对物联网的安全攻击数量也在不断增加，在物联网产业发展过程中，网络安全问题已经成为影响其发展的重中之重。在第五代移动通信系统之中，物联网场景隶属于5G三大类应用场景之一，当物联网遭受安全攻击的时候，有可能会产生更大的风险，影响将会进一步放大。因此，在第五代移动通信系统中，物联网安全方面的研究已经变得刻不容缓。

在第五代移动通信系统之中，许多业务及数据传输的安全需求和敏感等级是不同的，针对这种情况引入5G网络切片，它能够为用户提供差异化的服务，能够更好地满足他们定制化、多样化的需求。网络切片用到了核心网隔离、承载网隔离及接入网隔离等端到端的隔离机制，不同服务类型的切片和不同的隔离机制有着不同的安全等级。这样的话，对于不同安全等级的用户来说，就可以为他们制定不同的隔离机制，从而满足不同的安全需求。

针对不同安全等级的用户，可以采用不同的隔离方式，以满足其需求。对于普通的用户来说，要做好切片与多切片共享网元间的网络隔离；对于安全要求比较高的用户来说，要使用安全系数比较高的物理隔离，使用专用服务器和网络设备来对其进行部署，避免信息泄露；对于那些具备访问多等级切片权限的用户，要注意敏感数据泄露的风险，因为有的时候，安全等级较高的切片的敏感数据可能会被泄漏到较低安全等级的切片之中，为了避免不同等级切片之中数据的流转，就需要采取一定的措施，比如，做好切片非法访问时的保护措施，加强切片管理组件的身份认证、权限管控以及数据访问控制，建立安全隔离机制等。

第五代移动通信系统的部分数据、管理功能及网络服务等等都可以向第三方开放，供他们使用，这样十分方便，提高了资源利用率。不过，尽管这种开放接口给人们带来了很大的便利，但也容易引发一些不良后果，如容易被攻击者利用，从而给系统中的数据带来泄漏的危险，使得数据保护的难度大大增加。为了改善这种情况，就需要做好开放接口的安全防护工作，加强对系统中隐私敏感数据的保护。

第五代移动通信网络引入了虚拟化技术，它模糊了网络的安全边界，当某个网络功能遭受攻击的时候，整个虚拟网络都可能会受到影响。为了避免出现这种情况，就要进一步发展物理资源与虚拟资源之间、虚拟机与虚拟机之间、操作系统与应用程序之间的隔离等隔离技术。

七、移动互联网的应用

（一）移动互联网在汽车维修技术中的应用

在现实生活中，汽车产生故障可能有多种原因。在汽车维修领域中应用移动互联网，能够更加准确、快速地找到故障并进行维修，从而提升汽车维修的效率与准确率。下面，针对汽车维修领域中移动互联网的应用展开具体分析。

1. 车辆故障诊断方面的应用

通常情况下，当车辆发生故障的时候，人们的第一反应就是将其送到指定的车辆维修地点去维修。虽然这很常见，但是实际上耗费的时间成本比较高。车主要将车辆送到指定维修地点之后，车辆维修工就要对车辆进行一次次的故障排查检测，针对比较难以观察的地方还要将车辆的某些部分拆除进行进一步检测，这无疑耗费了巨大的时间成本。在车辆故障诊断方面，应用移动互联网则可以极大地降低时间成本。车主察觉到车辆可能出现问题的时候，可以在线上进行车辆故障诊断，了解其发生故障的原因。比如，车主可以将智能手机设备与车辆进行 OBD 接口连接，车辆的状态、信息等都会在智能手机设备上显示出来，同时利用这个接口还可以实时检测车辆可能出现的故障问题，然后在智能手机设备上显示出车辆故障问题的明确情况，如是哪部分出现了故障、故障产生的原因、如何清除故障等。这样，车主就可以更好地了解车辆目前的故障情况，针对其中比较轻微的故障，车主就可以自行维修解决，而不必非要将车送到指定的维修地点。比如，针对零部件损坏等问题，车主就可以自行解决，直接去购买零部件然后将其更换到车上就可以。车辆的OBD接口是一个十分重要的部件，它不仅可以为用户提供故障诊断和维修建议，还可以对车辆当前状态进行检测，提供给用户相应的维修保养建议，如空调滤芯和汽车机油等的更换等。车辆与移动互联网设备的连接，使得车主对自己的车有了一个更加清晰的了解，同时也确保了车主使用的安全性，延长了车辆的使用寿命。

不过，尽管在车辆故障诊断方面，移动互联网的应用带来了很大的便利，但是它还是不能代替传统的汽车维修技术。一方面，智能移动设备与车辆OBD接口的连接可能会受到协议的影响，从而导致故障检测技术无法发挥作用。另一方面，车辆的故障检测技术只能给用户提供一些比较粗浅、简略的故障来源，并不精细、全面。因此，在车辆的具体维修过程中，还是应该有专业维修人士在场。随着移动互联网与大数据技术的不断发展，移动互联网对车辆的故障检测逐渐与大数据技术相结合，通过参考海量数据，这种车辆故障检测技术将会变得越来越准确，效率也会变得越来越高。

2. 汽车维修保养方面的应用

相比起普通的使用品来说，车辆在使用一段时间之后，往往需要去维修保养，这样才能够确保它的使用更加顺畅、安全，延长其使用寿命。不过，对于很多用户来说，他们无法准确把握车辆维修保养的时间，总是错过运维周期，由于车辆未及时做保养，很可能就会发生故障，甚至影响车主的安全。而且，车主将车送到指定的地点进行维修保养，中间的时间成本也很高。在汽车维修保养方面应用移动互联网技术则可以解决这些问题。移动互联网与汽车实现连接之后，当车辆需要维修保养的时候，移动互联网就会给予用户专业化、个性化的提示服务，车主还可以在线上平台提前预约好车辆的维修保养，并让维修保养人员在线上了解车辆的相关信息，从而为其提供针对性的维修保养方案，提升车辆维修保养的效率。

3. 汽车售后服务方面的应用

车主在买车之后，当汽车出现问题的时候，车主就需要向服务网点打电话或到实地进行咨询，以解决汽车存在的某些问题，这种方式往往比较耗费时间。在汽车售后服务领域引入移动互联网，车主可以在线上与服务网点进行联系，双方可以更加准确地就相关问题进行沟通，汽车售后服务的工作人员也可以给予车主个性化、针对性的服务，这大幅提升了汽车售后服务的效率和水平。

4. 移动互联网在汽车维修技术中的应用保障

在汽车维修领域应用移动互联网，要想使其获得较好的成效，就需要建设专业化的、能够巧妙运用互联网技术的汽车维修队伍，这样才能提升汽车维修的准确性与效率。要建立能够灵活运用移动互联网的、专业化的汽车维修队伍，可以从两方面入手。一方面，从培训教育角度出发，可以为汽车维修领域人员设计培训课程，有针对性地提高他们的维修技术和互联网技术应用能力。另一方面，从人才吸纳角度出发，吸纳更多具有互联网技术应用能力和维修技术的人才，从而提高汽车维修的水平和效率。这里以汽车诊断方面的应用为例，在汽车维修领域之中，汽车诊断占据着十分重要的地位，这一方面做好了，就能够为之后的汽车维修、保养等方面提供很大的便利。可以在汽车维修领域设置有针对性的汽车诊断与移动互联网相关课程，这样，在遇到相关问题的时候，汽车维修人员就可以利用移动互联网查找相关资料，从而更加迅速、准确地发现其中的故障，提升诊断和维修的效果和效率。

通过上述这些内容，可以发现，在汽车维修行业中应用移动互联网有着特别多的优点。所以，汽车维修领域就要重视对移动互联网的应用，将其与汽车维修技术相结合，从而不断提升汽车维修的水平和效率。具体来说，应该要做到这几点：第一，在汽车维修行业，要树立移动互联网应用观念，汽车维修人员要认识到移动互联网的优势，能够正确看待它，分析汽车维修领域中移动互联网的应用方向和要点，在这个基础上对其加以应用，从而保障汽车维修的效果。第二，要加强汽车维修领域的信息化建设，为移动互联网的应用提供保障。比如，可以打造一个汽车维修领域的信息化平台，开设客户管理、汽车维修预约、汽车维修进度等功能，车主可以在这个信息化平台上实时了解汽车维修的具体进度与状况等。另外，在这个信息化平台上也可以建立线上远程汽车诊断功能，它可以在线上对汽车进行远程故障判断，然后分析传回的数据信息，确定其是否存在故障隐患，其故障隐患究竟在哪里等。当确定车辆确实存在故障隐患之后，汽车维修技术人员就要根据之前所做的故障分析结果制订维修方案，然后通知车主，与其约定好在线下进行汽车维修的地点。第三，在汽车维修行业中要不断引入新技术，加强新技术的应用，如物联网技术、大数据技术等，利用物联网技术可以实时监测车辆的运行状态，当车辆发生故障的时候就可以及时进行预警，提醒用户，并将故障发生期间的数据信息保留下来，以便于之后进行的车辆故障检测与维修。利用大数据技术，用户和汽车维修人员可以搜集到大量的车辆检测相关信息，然后从中选出最有价值的部分加以警戒。

（二）移动互联网技术在智慧养殖业中的应用

除了在汽车维修领域之外，在智慧养殖业领域，移动互联网技术也发挥着重要作用。养殖业的养殖人员往往十分辛苦，需要时刻注意养殖环境与养殖生物，以免出现某些风险。在智慧养殖业中引入移动互联网技术，可以提升养殖管理水平，帮助养殖户实时了解养殖场的信息，从而提升养殖效果。具体来说，它发挥的作用主要有：（1）远程控制与监控：现在养殖场的智能化程度已经很高了，如自动喂食、喂水，自动清理动物粪便等，移动互联网技术可以实现对自动清粪机、自动喂食器等养殖场设备的远程控制与监控，从而更加智能化地对这些设备进行管理和控制。（2）数据监测与查询：养殖户可以通过移动互联网技术实时地了解养殖场的运行状况，能够随时随地查看养殖场的环境光照、温度、湿度，动物生长状况，动物饲料摄入量等数据，对养殖场内动物的生长进行监测。（3）饲料与营养管理：养殖户可以借助移动互联网技术了解饲料的品质，养殖动物的摄入量及饲料是否符合它们的营养需求，同时移动互联网还能够向养殖户提供关于动物饲料配比方面的建议，以确保动物营养均衡。（4）智能报警系统：在养殖场出现异常情况的时候，移动互联网技术可以及时地将情况告知给养殖户，使他们能够第一时间获取最准确的信息，以便于他们能够根据具体情况采取相应措施，避免可能会出现的某些不良后果。（5）兽医在线诊断：当养殖场中的动物出现某些健康问题的时候，养殖户可以不必前往比较远的兽医医院或者让兽医到养殖场来，利用移动互联网技术，养殖户可以在线上与兽医进行交流，兽医也可以在线上观察动物们的健康情况，然后进行在线诊断，并给出治疗方案，这减少了不必要的时间成本。（6）移动办公：养殖户可以利用移动互联网技术进行移动办公，不必一直待在养殖场内，只要有网络，他们可以随时随地处理养殖业务。（7）知识普及与培训：养殖户可以通过移动互联网技术搜索获得许多养殖知识、养殖技巧，同时还能够在网上观看培训课程，从而不断提升自身的养殖技能，提高养殖效益。

（三）移动互联网在网络营销教学中的应用

1. 移动互联网对网络营销教学的重要性

（1）有利于促进教学理念的转变

在过去的网络营销教学过程中，教师占据主导地位，教师讲述知识，学生被动地接受知识，教师是课堂上的主导者，学生的主动性和积极性被压抑，不利于学习效率的提高，也影响了网络营销教学工作的开展。在网络营销教学中应用移动互联网，可以促进教师教学理念的转变，教师能够从教学中抽离出来，将课堂还给学生，让学生能够更加积极自主地进行学习，而且随着时间的推移，教师的教学理念也会变得越来越先进，越来越符合网络营销课程发展的需要，教学效果也会变得越来越好。

（2）有利于促进教学内容的丰富

在网络营销教学之中，教师教学的内容影响着学生的学习效果和学习效率。如果教学内容过于单一，那么学生的学习积极性必然会受到打击，从而影响网络教学工作的开展。在网络营销教学中应用移动互联网，教师所获取的教学内容也将会变得越来越多样化和全面化，教师将这些丰富内容传授给学生，就能够提高学生学习的积极性，提升网络营销教学的教学水平和质量，进一步促进网络营销教学改革的推进。

（3）有利于网络营销教师综合素养的提升

在网络营销教学中引入移动互联网技术，还能够提升网络营销教师的综合素养，他们能够利用移动互联网技术了解更多关于网络营销的相关知识，还能够掌握更多现代教学设备的操作方法，越来越意识到移动互联网技术的重要性，并不断提高自己的网络营销教学质量。

2. 移动互联网时代下的网络营销教学现状

（1）侧重理论教学

我国的网络营销教学存在的一个问题就是侧重理论教学，如视频营销、网络营销、在线营销、口碑营销等，由于缺乏主动实践的机会，学生只是学习老师讲授的理论知识，缺乏学习的积极性和主动性，学习的效率也就会比较低，即便教师向学生讲解了一些实际案例，但是由于学生并未直接参与其中，收获往往也比较小。现代社会对于人才的要求也变得越来越高，他们不仅需要掌握基础知识，更重要的是要有实际操作能力。面对这种情况，就需要调整当前网络营销教学的内容，在其中加入更多实践课程，以满足社会与时代的要求。

（2）大班教学效果不理想

目前，网络营销教学工作的一个主要特点就是大班教学，这也是未来网络营销教学工作的趋势。不过，这种大班教学并不是适用于每一个人，它存在着一定的弊端，如难以对每一个人进行细致的教学，教学质量和效果往往不如人意；当某个学生出现问题的时候，教师也难以对其进行针对性的教育，从而影响了网络营销课堂教学的水平。

（3）教学内容与企业实际相脱节

现如今，在网络营销教学中还存在着教学内容与企业实际相脱节的问题。在移动互联网时代下，各个行业的更新速度都变得越来越快，网络营销工作也在逐渐更新之中，出现了很多新的网络营销方式，比如，短视频营销、自媒体营销等，但是网络营销教学并没有随之发展，教学内容仍然是之前的老生常谈，没有实时更新。这种教学内容与企业实际相脱节的问题变得越来越严重，所培养的网络营销人才也难以满足企业和市场的需要。

3. 移动互联网时代下的网络营销教学改革措施

（1）增加实践内容的比重

实践是检验真理的唯一标准，也是衡量人才发展水平的重要方面。对于学生来说，如果他们仅仅只是学习理论知识而不进行理论实践，那么他们进入市场之后往往就会因为缺乏实践能力而无法获取心仪的工作。为了避免这种情况，就需要对网络营销教学进行改革。在移动互联网时代，对网络营销教学进行改革的一个重要措施就是在教学内容中增加实践内容的比重。具体来说，需要做到以下几点。

首先，教师要做好课程体系建设。教师在建设网络营销教学的课程体系的时候，教师要保障教学内容分配的全面性与均衡性，同时确保其专业性和先进性，在其中适当增加实践性的教学内容。比如，将网络营销教学课程的实践课程与文化课程的占比控制在6∶4之间。其次，教师要为学生创造实践的机会和空间。比如，在讲授完一堂课程理论内容之后，教师要留出充足的时间，让学生进行实践操作，将理论内容进行内化。最后，教师要多多挖掘实践内容。网络营销是一门紧跟网络发展的课程，它极其注重课程内容的实时性和新鲜性，因此教师要紧跟时代发展趋势，不断挖掘新的网络营销实践内容，然后将其融入课堂之中，不断提升学生的实践技能。

（2）进行教学方式的改革

在移动互联网时代下，教学方式的改革也是网络营销教学改革的一个主要措施。在对学生进行教学的时候，通常一个好的教学方式能够更好地调动起学生的积极性，使学生更乐意学习，从而提高学生的学习效率。

首先，教师在教学中要多多应用现代信息技术。在现代社会中，信息技术的应用变得越来越普遍，它已经深入各个领域之中，变成人们学习、工作与生活的一部分，不可或缺。网络营销教师在教学中也应该将教学与信息技术结合起来，构建一个信息化课堂，打造一个信息化教学环境。例如，在具体的教学活动中，教师应当更加重视微课的使用，在讲课之前要录制好本节课相关内容的微课视频，然后将其在课堂上播放，激发学生的学习兴趣。相比起口头叙述和文字讲解之外，它可以为学生展示鲜活的图像和影片，将内容丰富的知识展现得更加生动有趣，在教学方面有着极大的优势。教师应当要学会以信息技术为载体呈现教学内容，以激发学生的教学热情，提升教学效果。其次，高校要加强与企业的合作。目前，校企合作是教育领域的一个重要发展趋势，很多学校都开始与校外企业进行合作，以不断训练学生的实践技能，培养学生的实践能力，使他们能够真正地将学校学到的知识与技能应用于实践之中。高校可以与企业一起搭建教学实践基地，让学生在企业之中进行项目实践，不断完善实践成果。在网络营销教学之中，高校可以为学生进行网络营销实践搭建平台，吸引企业力量的加入，为学生提供更多实践机会。最后，创办网络项目。教师可以创办网络项目，让学生进入项目实践之中，进行尝试与跟踪，不断提升其实践能力和实践经验，让他们能够深入了解网络营销对社会和经济发展所产生的显著影响，以及在这些方面取得的突出成绩。

（3）合理设计班级规模

针对网络营销大班教学的问题，教师要进行合理控制，控制好班级规模的大小，规模不能过于大，以免影响教学效果。教师要深入研究班级规模，持续地完善和优化现有班级规模结构，对其进行合理设计，以推动有效的教学活动，不断改进网络营销教学的现状。

首先，教师要对学生进行分析调查，了解每一个学生的情况，不同学生的认知情况、学习情况、发展水平等都是不同的，教师在设计班级规模、划分班级的时候要考虑到这种情况。教师要对每一个学生进行细致分析，为他们建立信息和成长发展档案，记录其成长轨迹，并据此进行班级划分。这样划分班级能够更加符合学生们的学习现状，同时也能够提高学生的学习效果。其次，在划分完班级之后，教师要加强对小班学生的指导，关注每一位学生，给予每一个学生发言的机会，鼓励他们多发言、多思考，如教师可以在课堂上设计一些引导性问题和学习任务等，引导学生学习，使每一个学生都能够成为班级学习的主人，不断提升其学习效率和学习效果。小班教学的规模比较小，在这种比较小的班级规模中，教师就能够给予学生更多的关注，兼顾每一个学生的发展和成长特点，从而更好地对学生进行教学。在网络营销课程建设中，这种小班教学具有显著的推广意义，需要受到教育者的重视。

（4）保障教学内容的先进性

在移动互联网时代，各种信息突破了时间和空间的屏障，一个又一个地展现在人们面前，令人眼花缭乱，这也对网络营销人才提出了更高的要求。因此，在网络营销教学之中，教师也要跟上时代的发展，加强对网络营销内容的研究，根据社会与市场的新需求，不断往其中增添新的教学内容，以保障教学内容的先进性。

网络营销行业与社会发展密切相关，随着社会的发展，网络营销行业也在不断地发展，各种网络营销技巧也在不断改革创新，因此教师们必须密切关心网络营销领域的进展情况，以便为之后的教学提供依据，这也是教学内容先进性的重要保障。

（5）促进教学评价改革

在移动互联网时代，对网络营销教学进行的改革，还包括对教学评价的改革。教学评价主要是针对学生学习情况和教师教学情况的评价，它能够帮助学生和教师更好地认识自己，并不断地加以改进。无论对于学生还是教师来说，教学评价都发挥着十分重要的作用，对教学评价进行改革，提高其先进性与科学性，能够进一步为学生的学习和教师的教学提供有益的指导。

首先，教师要对学生的学习全过程进行评价。教师对学生的评价不能只着重于期末考试或者课后作业，而是应该将其贯穿于学生学习的全过程。过去的那种对学生某一时间段的评价缺乏科学性，对学生的评价也不全面。因此，教师要想对学生展开全面的、细致的评价，就要针对学生的学习全过程进行评价，包括对学生线上学习与线下学习的评价。尤其是在课堂平台、雨课堂等线上学习平台中，教师要分析学生的视频学习、课后作业、单元测试等多方面的数据信息，加强对学生线上学习的评价。这样，教师也能够更好地发现学生学习中的问题，并对其进行针对性辅导，同时这也督促着学生要用更高的标准与水平来严格要求自己。其次，教师要丰富评价指标。之前，教师对学生的评价往往是通过学生成绩来进行评价的，这种评价指标太过单一，不利于学生的全面发展。在移动互联网时代，网络营销人才的结构更加清晰、有条理，教师需要根据社会和市场对网络营销人才的要求来丰富评价指标，对学生进行综合性评价。比如，教师可以将学生的发展性思维、知识应用能力、实际操作能力等作为评价指标的一部分，从而推动着学生不断丰富自己的知识结构，提高实践应用能力。最后，教师要丰富教学评价主体。以前，对学生的评价往往是由教师来进行，教师是唯一的评价主体，过于单一。在移动互联网时代，为了顺应互联网发展趋势，满足社会发展需要，就需要丰富教学评价主体，比如，对学生的评价，教师、学生、高校管理者、家长等都可以作为评价主体，对教师的评价也是同样。同时，企业的岗位人才和技术人员也可以作为教学评价的主体，对学生进行评价。相比起单一的评价主体，多元化的评价主体也能够提高教学评价的有效性。

（6）完善教师培训体系

在教学之中，教师可以说是重中之重，因此，在网络营销改革过程中，师资力量的改革也显得尤为重要。在移动互联网时代下，要加强对教师队伍的建设，完善教师培训体系，建立一支专业化的网络营销教师队伍，这样才能够更好地进行网络营销教学改革。

首先，高校应当首先精心规划和构建一套全面的教师培训框架和计划，明确每一次培训的具体时间节点和具体内容，从而确保教师能够获得充足而全面的培训和学习机会，并促进他们职业的成长和发展。其次，高校要定期组织开展形式多样的网络营销教师培训工作，向他们展示当今社会的新型网络营销技巧，使他们能够跟上时代发展的脚步。现今，网络营销领域比较热门的非直播带货莫属，高校可以邀请直播带货的知名团队来分享经验，培训直播带货的步骤、注意事项、案例分享等，从而丰富教师的知识储备，提升教师的实操能力。最后，教师要树立终身学习的理念，随时随地丰富自己的知识储备，更新自己的知识体系，关注网络营销领域的发展前沿，并将其融入教学之中，提高教学效果。在网络营销教学改革过程中，对师资力量的改革是一项重要内容，需要重点关注。

总而言之，在移动互联网时代，越来越多人开始意识到教学改革的重要性，也有很多人对网络营销教学作出改革，但是，总体来说，效果并不理想。教师需要遵循以上内容与要求对网络营销教学进行改革，从而真正地为网络营销教学改革提供保障。

第三章　物联网信息安全体系结构分析

本章为物联网信息安全体系结构分析，讲述了物联网安全体系结构概述、物联网安全技术措施、物理安全威胁与防范措施、无线局域网 WLAN 物理层安全协议四个方面的内容。

第一节　物联网安全体系结构概述

一、物联网安全整体结构

物联网结构复杂、技术繁多，面临的安全威胁的种类也就比较多。通过对物联网安全框架进行深入研究，我们可以探讨其在感知、传输、处理和应用等领域所面临的安全挑战和需求，这有助于人们筛选和开发适用于物联网环境的安全技术，从而建立完善的物联网安全体系结构。经过对需求的分析，可以归纳出安全架构安全监测服务的理念：集中控制、统一管理、全面分析、快速响应。

物联网融合了传感网络、移动通信网络和互联网整合在一起，也需要应对这些网络在安全方面的挑战。除此之外，客观来说，物联网是一个由多种网络融合而成的异构网络，因此它在安全方面会面临各种挑战。例如，访问控制、异构网络的认证、信息存储和管理等。之所以物联网具备复杂性，是因为它涉及大量不同类型的设备，缺少完善的监控，其节点资源有限且结构不断变化，因此相对于其他网络而言，物联网的安全性问题的复杂水平更高。

与互联网相比，物联网的通信对象扩大到了物品。我们可以将物联网网络结构划分为三个层次：感知层（底层，负责数据采集）、网络层（中间层，负责数据传输）、应用/中间层（顶层）。物联网安全的整体要求涉及保护物理设备、收集数据、传输信息和处理数据等方面，旨在为信息的完整性、信息的保密性、信息的数据实时性、信息的真实性提供保障。物联网的安全机制应当建立在各层技术特点和面临的安全威胁的基础之上。

二、感知层安全体系结构

感知层安全体系的结构如图 3-1-1 所示，管理层的核心职能是较为重要且复杂的，而且技术元素归属于管理层，安全技术与管理手段和制度是并驾齐驱的。对于安全感知而言，检测体系相当重要，它既可以被运用于技术体系，对于管理体系也相当适用。就技术层面而言，其要求涉及与感知层网络有关的各项技术挑战。感知层安全体系的管理层面涵盖节点管理和系统管理两个方面，前者涵盖节点监管、应急处理和隐私防护等关键方面，后者涵盖风险分析、监控审计和备份恢复等关键方面。除此之外，技术层面涉及节点安全、系统安全，前者涵盖抗干扰、节点认证、抗旁路攻击、节点外联安全，后者涵盖安全路由控制、数据认证、操作系统安全。而检测体系涉及安全保证检查、节点检测、系统检测、旁路攻击检测、路由攻击检测等要素。

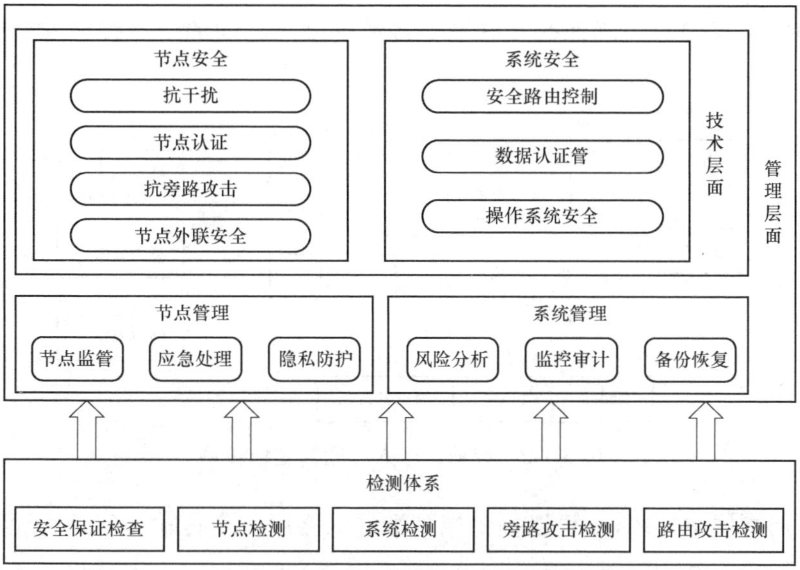

图 3-1-1 感知层安全体系

三、传输层安全体系结构

随着计算机网络的不断更新迭代，网络已成为重要的信息共享平台。在网络的普及和开放程度不断提升的前提下，人们对网络信息安全问题的重视程度也在不断增加。在互联网刚兴起时，使用网络的主要是一些大型研究机构、高等院校和企业。这时的网络使用环境是比较封闭、比较独立的，通常人们不需要采取额外的安全措施，因为该网络环境受到威胁的可能性较小。随着网络技术的迅猛进步，特别是互联网的广泛普及和电子商务的兴起，确保在线信息传输的安全性、保护敏感信息的私密性和完整性变得越发关键，已成为当前网络安全技术研究的焦点。

在许多现实情况下，网络的组成部分是内部网络和连接多个站点的公共网络。每个站点都有一个网关设备，并且站点内部网络相对封闭和单一，其在安全保护层面对于传输信息的要求并不苛刻。而同时存在于两个站点之间的网络就是公共网络，其利用方式更加多样化，对应的应用场景也是多种多样。因此，我们必须确保在互联网上传输的站点之间的信息得到安全保护。如图 3-1-2 所示。

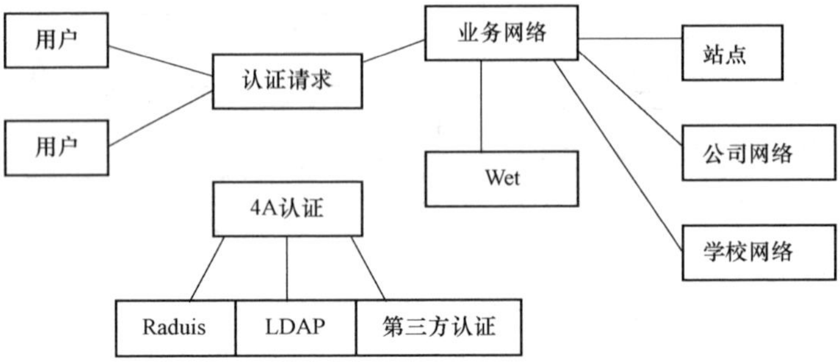

图 3-1-2　企业、个人之间的通信传输

在网络层中，IPsec 可以提供端到端的网络层安全传输，但是它无法处理位于同一端系统中的不同用户的安全需求，因此需要在传输层和更高层提供网络安全传输服务来满足这些要求。而传输层安全协议的特点就是基于两个传输进程间的端到端安全服务，保证两个应用之间的保密性和安全性，为应用层提供安全服务。Web 浏览器是将 HTTP 和 SSL 结合起来，因为技术实现简单，所以在电子商务中也有应用。在传输层中使用的安全协议主要是安全套接字层协议（Secure Sockets Layer，SSL）。

SSL 是一个旨在保障在应用程序协议（如 HTTP、NNTP、FTP）和 TCP/IP 之间传输数据的安全通信协议机制，最初由网景公司（Netscape）设计。运用 SSL，我们可以完成加密和验证 TCP/IP 连接、验证服务器身份、保障消息完整性，以及在需要时验证客户端身份等任务。SSL 主要通过握手协议、记录协议和警告协议来确保两个通信应用程序之间传输的信息得到加密和安全保护。

四、网络层安全体系结构

物联网网络层的主要责任是维护数据的安全性，以及将感知层收集的数据传递给应用层，并根据应用的要求对其进行必要处理。网络层被视为物联网的基础建设，涵盖了互联网、移动网络及其他专门用途的网络。例如，广播电视网络、国家电网，它们共同构成了物联网的基础设施。在信息传递过程中，信息可能会通过多种不同类型的网络节点加以传输。举例而言，固定电话和移动电话之间的通话可以展示不同网络系统之间信息传输的互动方式。在数据传输的过程中，信息需要通过多个网络节点进行传递，特别是在物联网系统中，这种情况更加明显，可能引发人们对信息安全方面的担忧。物联网的安全性在移动通信网络和传统网络等方面面临着各种问题。涉及大量自动设备、缺乏充分的人工监控，以及存在多样的终端设备、各种设备类型和各种应用场景，这些对于物联网网络安全而言，都是全新挑战。现今，我国在网络监控和防御方面正面临着更加错综复杂的网络架构和更迫切的实时要求。相较于传统的 TCP/IP 网络技术，这种局面将给网络融合、网络通信、网络管理、网络安全、网络服务等领域带来新的挑战。

就网络层而言，在异构网络中，信息传输可能会受到安全威胁的影响，尤其是在网络认证过程中，所传输的信息容易遭受中间人攻击或其他形式的干扰。例如，异步攻击、合谋攻击等。为了防范这些攻击，用户必须加强安全措施。在数据传送过程中，信息存在遭到未经授权访问或篡改的风险，这就要求用户通过加密技术确保数据的安全性，以下是网络层所面临的安全难题。

（一）来自物联网接入方式的安全问题

物联网借助了各种网络，并采用了移动网络和 WiMAX 等多种无线接入技术。由于终端需要在各种网络间实现平稳移动，对于相关人员来说，研究切换技术和位置管理技术以解决安全问题就成为一项关键工作。此外，物联网的接入主要通过移动通信网络中移动站和固定网络之间的无线通信来实现。由于无线接口具备一定特性，任何使用无线设备的个体，都可能借由监听无线信道的方式，窃取特定信息。同时，他们还有可能对信息加以篡改、删除或重新发送，并以此假冒移动用户身份，欺骗网络端。所以，移动网络正面临着严峻的安全威胁，如身份盗用、无线窃听、数据恶意篡改等。

（二）来自物联网终端自身的安全问题

随着物联网设备智能化程度的不断提升，其计算和存储功能也在不断得到强化，这就导致物联网应用变得更加丰富多样。然而，这也使得相应设备面临着更大的被病毒、木马或恶意软件感染的风险。入侵者成功进入终端之后，会更容易在网络中传播虚假信息。病毒、木马或恶意代码在物联网内具有更大的传播性、更高的隐蔽性、更强的破坏性，相比单一的通信网络而言也更加难以防范，带来的安全威胁也会更大。同时，网络终端自身系统平台缺乏完整的保护和验证机制，平台软、硬件模块容易被攻击者篡改，内部各个通信接口缺乏机密性和完整性保护，在此之上传递的信息容易被窃取或篡改。如果物联网终端丢失或被盗，那么其中存储的私密信息也将面临泄露的风险。

（三）来自核心网络的安全问题

未来，全 IP 化移动通信网络和互联网及下一代互联网将是物联网网络的核心载体，以确保绝大部分物联网业务数据能够在互联网上传输。尽管移动通信网络和互联网核心网络已经采取了必要的安全措施，在全 IP 化并且开放的网络环境中，仍然存在传统的服务拒绝（DoS）攻击、分布式服务拒绝（DDoS）攻击和网络安全风险，如身份伪造等。随着物联网设备数量的快速增加，这些设备以分散的形式互相连接。数据传输量的大幅增加，可能会导致网络过载，从而引发拒绝服务攻击。

五、应用层安全体系结构

物联网已经被广泛应用于现代社会的各个领域，许多企事业单位和高端社区都依赖物联网平台来促进发展。不过，从实际情况看，物联网应用层的安全框架自一开始就存在严重缺陷，相关人员在构建物联网应用层的安全框架方面投入了大量精力和资金。为了推动物联网物流信息系统的发展，无论是采用电子标签技术还是采用 RFID 技术，研究人员都需要执行有效的安全管理措施。

随着物联网在当今社会中被广泛应用，确保安全性成为当务之急。从实际情况看，物联网的应用层已经将安全性方面的框架和技术整合到平台中，具体涉及认证与密钥管理、数据隐私保护、安全路由协议及入侵检测技术等。不过，需要注意的是，物联网应用层的安全结构仍然存在一些缺陷。因此，相关专家提出了一种以安全代理为基础的感知层安全模型，旨在为各种依赖物联网平台运行的应用终端提供更全面的安全防护。

第二节　物联网安全技术措施

物联网本质上是一个能整合多个网络的网络，其安全与处理各种不同层次的网络问题息息相关。多种安全技术已被应用于这些独立的网络，尤其是互联网、移动通信网络，它们的安全研究经历了一段漫长历程。然而，由于资源的限制，要针对物联网中的感知网络进行安全研究更为具有挑战性，以下将讨论物联网感知层安全技术方面的内容。

一、密钥管理机制

密钥系统是保障信息机密性的核心技术，也是维护个人数据安全的关键手段之一。它在安全方面的主要需求涵盖以下四方面内容。

（一）密钥生成或更新算法的安全性

以该算法为基础所生成的密钥必须足够安全，可防御网络攻击者的破解尝试，还要能保障加密后数据包的保密性。

（二）前向私密性

一旦传感器网络中的节点提前离开或被阻止，用户就无法再使用之前获取的密钥信息来生成有效的密钥，从而导致其无法继续参与网络通信或创建可信的消息。

（三）后向私密性和可扩展性

有效、合法的新增节点可以通过最新颁发或定期更新的密钥参与网络通信，进而执行加密、解密和消息验证等操作，也能保证网络得以扩展，进而接纳大量新节点。

（四）抗同谋攻击

在传感器网络中，一旦某些节点遭受攻击，它们所储存的加密信息可能会导致某些区域的数据泄露。然而，这种情况并不会对整个网络的稳定性和运行产生重大影响，因此密钥系统需要具备抗同谋攻击的功能。

二、数据处理与隐私性

在物联网领域，数据需要经历一系列流程，具体涉及感知信息、采集、整合、传输、存储、分析、决策和控制等步骤。虽然末端感知网络在信息处理中可发挥一定作用，但由于传感器节点和集成节点的资源受限，它们并非主要引领信息分析和决策的力量。在物联网应用中，我们需要注重保护信息采集的安全、维护信息传递的隐私，以及为信息完整性和保密性提供保障，同时我们要保障网络的可靠性、可信性和安全性。物联网的普及程度主要取决于其能否有效地为用户的数据和隐私信息提供高效保护。在传感网领域中，在数据感知采集阶段，我们必须采取适当的安全措施。例如，对 RFID 采集到的数据进行简单的加密处理，随后再将其传送至汇聚节点。其重点在于管理和维护光学标签内的数据，这些标签可以被当作传感装置，用于识别物体身份，具有独特优势。同时，虚拟光学技术可以帮助确保对基于光学标签的身份辨识信息的安全加密和解密。软件虚拟光学密码系统可基于光波的多个属性对信息进行加密，相比传统的对称加密系统，其在信息安全保护方面的表现更为优异。该领域的研究和应用的快速发展，在很大程度上要归功于数学模型的建立和软件技术的不断进步。在信息处理中，人们格外关注位置数据处理服务和隐私保护问题。在 2008 年，专注于空间信息理论和应用研究的空间信息特别兴趣小区（Special Interest Group on Spatial Information）由国际计算机协会（ACM）正式成立。以位置为依据的服务是物联网的关键特性之一，它结合了地图、定位、位置数据挖掘和搜索等功能，也融合了自适应表达等多种技术。

三、认证与访问控制

认证是一种方法，用户通过该方法可确认自己的身份真实性，其通常会涉及在网络上进行身份认证和消息认证。身份认证可验证通信双方的身份，并生成共享会话密钥。在认证密钥交换过程中，保护信息的保密性和确保及时传递是非常重要的。为了保障安全性，我们需要对用户标识和会话密钥等敏感信息进行加密后传输，为此我们需提前准备好可达到此目的的主密钥或公钥。由于可能遭受消息重放的威胁，保持信息的及时性是非常关键的。在极端情况下，恶意攻击者可能会通过重放攻击手段来破坏会话密钥或成功冒充他人身份。就消息认证而言，接收方通常期望自己所接收到的消息确实是由真正的发件人发送的，尤其是在双方在线状态不同的情况下，如在电子邮件系统中，发件人发送的电子邮件消息会一直存储在收件人的邮箱中，直到收件人查看该邮件。广播认证是指一条信息可被多个接收方验证的一种特殊方式。传统认证方法根据不同的层次进行验证，网络层认证主要针对的是网络层身份的确认，而业务层认证则用于确认业务层身份，两者之间不会互相重叠。然而，在物联网领域，业务应用与网络通信之间存在密切的联系，认证过程也具有一定特征。举例而言，一旦运营商提供物联网业务，用户便可以充分依赖网络层的认证成果，无须再进行业务层的认证。处理敏感业务（如金融类业务）时，业务提供者往往会对网络层的安全性持怀疑态度。因此他们会采取更加严格的安全措施，并进行业务层的认证。在常规操作中，如收集温度数据等，服务提供方会认为网络认证已经足以确保安全，因此他们往往不会在业务层面采取额外的认证措施。在物联网领域，传感网认证的过程侧重于基于轻量级公钥算法的认证、预共享密钥的认证、随机密钥预分布的认证、利用辅助信息的认证、基于单向散列函数的认证等多项技术，以下对其中的部分技术进行分析。

（一）基于轻量级公钥算法的认证技术

由于无线传感器网络的资源有限，经典的公钥算法在这种情况下难以发挥作用，因为它们需要大量的计算资源。目前，很多专业人士正在对此进行研究，旨在优化公钥算法，以便人们在无线传感器网络中对其加以使用。尽管如此，在能源节约和资源有效利用方面，认证算法仍有许多需要进一步提升的领域，如 TinyPK 认证方案结合了 RSA 公钥算法和基于身份识别的认证算法。

（二）基于预共享密钥的认证技术

SNEP 方案涉及两种配置选择：节点共享密钥和基站节点共享密钥。该方案使用一个共享的主密钥，从而为每一对节点提供安全通信的能力。然而，SNEP 方案在处理扩展性和抗攻击方面存在明显缺陷，因为一旦某个节点被成功俘获，那么整个密钥信息就会被泄露，随之而来的很可能是整个网络的瘫痪。

（三）基于单向散列函数的认证方法

基于单向散列函数的认证方法通常被用于广播认证领域，它利用单向散列函数生成密钥序列以确保密钥的随机性，并依赖于该函数的不可逆属性。运用该认证方法，我们可以逐个披露密钥链中的密钥，进而验证消息的真实性。

四、入侵检测与容侵容错技术

容侵是指网络在受到恶意入侵时仍能保持正常运转，无线传感器网络之所以存在安全隐患，是因为网络具备开放性特征、无线电网络具备广播性特征。网络黑客通常会利用这些特点，干扰网络中的节点运作，从而破坏整个传感器网络的稳定运行，降低网络的可靠性。由于缺乏人员监督，无线传感器网络存在物理层面上的安全漏洞，易受攻击者的攻击、破坏或入侵。目前，针对无线传感器网络的容侵技术机制主要涉及网络拓扑、安全路由以及数据传输过程等方面的容侵。无线传感器网络也需要具备网络的容错性，这是一个关键要求。容错性通常是指系统在发生故障时仍能保持功能正常运行，不会出现系统失效的情况。无线传感器网络的容错性是指在部分节点或链路出现故障时，网络能够自动修复或调整网络结构，以确保数据传输稳定，并最大程度地降低节点或链路故障可能产生的负面影响。传感器节点的存储容量、能量、通信带宽、计算资源及其他等多个方面都有受到制约的可能，并且其运行环境往往是较为恶劣的，因此网络中的传感器节点时常会出现故障。所以，容错性被视为无线传感器网络设计中的一个关键考虑因素，容错技术研究对于无线传感器网络来说是十分重要的。

五、决策与控制安全

从本质上看，物联网的数据是指在进行双向传输的情况，人们所收集的来自各种传感设备的信息，这些信息来自实际世界，经过处理后可存储在网络数据库中。我们可以通过数据挖掘技术来分析用户需求，进而作出相应决策对其实施相应管理，从而构建互联网数据与各种物联设备在物理世界中的联系。在进行数据收集处理时，我们需要考虑涉及隐私问题的安全性，并且在决策控制方面也要考虑另一方面的安全性。

第三节　物理安全威胁与防范措施

物联网源于互联网，因此物联网继承了互联网的物理特性，物联网中也存在物理安全威胁，下面介绍物联网的物理安全威胁与防范措施。

一、物理安全概述

物理安全主要是指通过物理隔离来实现网络安全，并有效防范，如网络入侵和网络诈骗。物理隔离意味着内部网络与公共网络之间没有任何形式的直接或间接联系，物理安全的目标是确保网络设备（如路由器、工作站和服务器）和通信链路不受恶意破坏、自然灾害、未经授权的接入或监听等威胁的负面影响。举例来说，只有通过在党政机关的内部信息网络和公共网络之间实施物理隔离，才能有效地消除互联网黑客对内部信息网络构成的威胁。除此之外，物理隔离还有助于政府内部网络设立清晰的安全界限，提升网络可管理性，简化内部管理流程。

在实施物理隔离之前，我们需要实施多项网络安全措施，如配置防火墙、安装反病毒软件，以及执行入侵检测和漏洞扫描等措施。然而，考虑到这些在线分析技术具备复杂性，会受一定的限制，它们不能符合如政府机构、军事机构、金融机构在内的某些机构对数据安全的严格标准。此外，这种依据软件的安全措施是一种逻辑机制，容易受到黑客、公司内部员工等恶意实体的入侵。由此可知，我们不能仅仅依靠概率性的评估来确保机密数据的安全性，而是需要采用绝对安全的措施，以确保涉密网络的信息不会被泄露或破坏，这能够在很大程度上凸显物理隔离的重要价值。

二、环境安全威胁与防范

物联网节点通常是在被安装后才连接到网络，其在运行时不需要人工干预。因此，我们需要完成的重要任务是仔细思考如何远程配置物联网设备的业务和签约信息。除此之外，成功建立规模大、数据全面的物联网平台必须确保安全管理系统的一致性和可靠性足够强，这一点至关重要。不然，各种物联网应用会迅速迁移到它们各自独立的物联网平台上，这将损害业务平台和物联网网络之间的信任关系，并为二者带来新的安全挑战。就核心网络的传输和信息安全而言，尽管核心网络已经采取了有效的安全措施，由于许多物联网节点在同一位置聚集，当大量终端设备同时传输数据时，可能会导致网络负载过载，从而引起拒绝服务攻击问题的出现。此外，当前物联网网络的安全框架通常是针对人类的通信需求而非侧重于人机交互性方面设计的，这种方式可能会对物联网设备之间的逻辑关系产生某些影响。

三、设备安全问题与策略

物联网的设备有：条码、射频识别、传感器、全球定位系统、激光扫描器等信息传感设备。物联网是由大量设备组成的网络，其网络安全问题主要涉及本地节点的安全性、信息传输的安全性、核心网络的信息安全性以及业务安全性等。

（一）物联网安全本地节点的问题

物联网的机器节点通常会被部署在无人值守的环境中，它们利用机器来执行复杂任务。这样一来，这些设备容易受到人为破坏，因为软件和硬件可以被轻而易举地更换。

（二）节点信息在网络中的传输安全问题

由于物联网节点缺乏一致的数据传输协议，并且其功能较为基本，我们难以针对其建立复杂且一致的安全防护模式。

（三）核心网络的信息安全问题

尽管节点核心网的安全措施相对完善，由于核心网由许多节点组成并以集群方式存在，在大规模数据传输时，网络拥塞、网络停滞（网络假死）等现象仍有出现的可能。

（四）物联网中业务安全的问题

绝大多数物联网设备都是在事先设置和连接节点后，处于无人监管的状态，用户在开展物联网业务时可能会面临安全风险。所以，建立一个一体化、高效的安全管理平台已经变得迫在眉睫。

针对以上物联网安全问题，可以采用以下策略和技术来解决：

在物联网的不同层中应用不同的技术分层解决，主要安全技术有用户权限认证、数据加密技术、数据访问控制、保护隐私和信息传输安全等技术。物联网的各个层次对应着不同种类的技术。例如，将用户权限认证应用于网络传输层，并采用数字认证的方式来验证客户身份的合法性，可以为客户信息的安全性提供保障。其替代做法是采用数字水印技术来对用户的电子签名进行辨别，这一方法的安全性更强、可信度更高。在有争议的情况下，我们可以验证用户的数字水印，以对其身份真实性进行确认。数据加密技术主要应用于物联网底层，保护感知层的数据安全。数据访问控制技术主要应用于物联网的网络层，以保护数据的传输安全。隐私保护和信息传输安全技术主要用于物联网的应用层，以保护用户信息的安全。随着网络信息化的飞速发展，物联网作为其升级换代的产物，将会更广泛地应用于人们的生活及工作中，因此物联网的安全策略和技术显得尤为重要。只有充分保证系统稳定、网络安全、平台具有保护功能，物联网才能更好地发展。

四、RFID 系统及物理层安全

RFID 系统一般由三部分组成：标签（Tag）、读写器（Reader）及后端数据库（Back-end Database）。

RFID 安全性机制的实现方式主要涵盖物理、密码机制及二者之间的结合。作者所探讨的涵盖 Kill 命令机制、休眠机制、阻塞机制、静电屏蔽以及主动干扰等主要的物理机制。通常，人们更倾向于采用物理机制而不是复杂的密码机制来保障标签之间的安全通信，因为物理机制的性价比更高。同时，在这种情况下，要确保安全通信相当困难。下文将对这些机制进行具体阐述。

（一）Kill 命令机制

利用自动检测中心引入的 Kill 命令机制，我们可以简单、有效地解决信息泄露问题。对标签进行物理破坏，并施加 Kill 命令后，标签将变为永久禁用状态，无法重新激活。例如，超市结账时，可禁用附着在商品上的标签。但是，如果 RFID 标签用于标识图书馆中的书籍，当书籍离开图书馆后，这些标签是不能被禁用的。这是因为当书籍归还后，还需要使用相同的标签再次标识书籍。

（二）休眠机制

让标签处于睡眠状态，而不是禁用，以后可以使用唤醒口令将其唤醒。困难在于唤醒口令需要和标签相关联，于是就需要一个口令管理系统。然而，在标签睡眠时，我们无法在特定标签与唤醒口令之间基于空中接口建立联系。这时，我们需要用条形码等其他识别技术取而代之，并对具备唤醒功能的标签进行标识，这显然是不理想的。

（三）阻塞机制

隐私比特“0”表示标签接受无限制的公共扫描，隐私比特“1”表示标签是私有的。当商品生产出来，并在购买之前，即在仓库、运输、存储货价的时候，标签的隐私比特设置为“0”。换句话说，任何读写器都可以扫描它们。当消费者购买了使用RFID标签的商品时，销售终端设备将隐私比特设置为“1”。

（四）静电屏蔽

静电屏蔽法也称为法拉第网罩，由于无线电波可被传导材料做成的电容屏蔽。因而，将携带RFID标签的物品放入这种容器中可以有效地截断标签与读写器之间的通信。每个产品都需要配备一个网罩，这就导致生产成本变大。

（五）主动干扰

标签用户可通过发送无线电信号的方式，来阻止或干扰周围RFID读写器的正常运作。然而，这种做法有可能会影响周围符合标准的射频识别系统，并且甚至可能干扰周围其他无线电信号系统的正常运行。

五、数据存储介质的安全

随着计算机技术的发展，USB接口成为其必备的接口之一，USB通用串行总线是一种连接外部串行设备的技术标准，即计算机系统接驳外围设备（如U盘、移动硬盘、键盘、鼠标、打印机等）的输入/输出接口标准。

USB接口的传输速度高达480 Mb/s，和串口115 200 b/s的速度相比，相当于串口速度的4 000多倍，完全能满足需要大量数据交换的外设的要求。同时，所有的USB外设都能够借助相同类型的连接器轻松地与计算机连接，其安装过程会自动完成，使用者无需打开机箱安装扩展卡，也不用担心资源分配问题，而且无需关机，使用者可随时开始使用。因此，通过 USB，使用以 U 盘为代表的移动存储介质来交换数据，极大地方便了数据交换，提高了存储的便利性，因而获得了广泛应用，但是其方便性也给我们带来了更大的安全风险。

移动存储介质常用于开放环境中，易于丢失，存储的数据易于传播和复制，自身缺乏有效的审计和监管手段，整个数据移动通道的安全保密工作难以保障。一旦发生数据泄露与丢失，将会给部门或个人造成不可估量的经济损失，甚至可能是政治损失。因此，针对移动介质的安全解决方案成为当务之急。

多年来，U 盘作为一种方便、流行的存储介质，其应用越来越广泛，几乎人人必备。然而，通过 U 盘的资料丢失、泄密、传播病毒等安全事件也越来越多，主要的问题如下。

第一，任意 U 盘在终端上的使用，造成管理混乱，资料丢失。

第二，U 盘频繁地在不同终端应用，成了病毒传播的主要载体之一。

第三，对 U 盘上文件的使用没有跟踪审计。

所以，要做到数据存储的安全，必须做到以下三点。

第一，对数据进行加密管理。

第二，对文件进行删除。

第三，禁止移动介质自动播放。

第四节　无线局域网 WLAN 物理层安全协议

物联网中的感知层终端系统，如 RFID 读写器、无线传感器网络的网关节点及智能手机都可以通过无线局域网连接到互联网，因此需要考虑无线局域网的安全。

一、IEEE 802.11 标准中的物理层特点

目前，WLAN 的主流标准是 IEEE 802.11 系列标准。IEEE 802.11 标准的物理层的参数特点如表 3-4-1 所示。

表 3-4-1　IEEE 802.11 标准的物理层的参数特点

规范参数	802.11	802.11 b	802.11 g	802.11 a
工作频段/GHz	2.4	2.4	2.4	5
扩频方式	DSSS/FHSS	DSSS	DSSS、OFDM	OFDM
速率/（Mb/s）	1/2	2/5.5/11	11/54	54
通信方式	半双工			
规范参数	802.11	802.11 b	802.11 g	802.11 a
距离	100 m～20 km（依天线定）			

802.11 标准规定的物理层相当复杂，1997 年制定了第一部分，叫作 802.11，1999 年又制定了剩下的部分，即 802.11 a 和 802.11 b。

802. 11 的物理层有以下三种实现方法。

第一种，调频扩展（Frequency-Hopping-Spread-Spectrum，FHSS）是一种常见的扩频技术，主要用于无线通信。该设备在 2.4 GHz 的 ISM 频段内运行，范围为 2.400 0～2.483 5 GHz，并支持 79 个信道以及频率跳跃功能。每个信道从 2.402 GHz 开始，然后逐渐增加 1 MHz 的频率步长。所以，每个信道的带宽频率为 1 MHz。一般情况下，在借助二元高斯频率转移键控 GFSK 的情况下，人们常将 1 Mb/s 作为标准的基本接入速率。在使用四相分振幅键控（GFSK）时，传输速率为 2 Gbps。

第二种，直接序列扩频（Direct Sequence Spread Spectrum，DSSS）。与调频扩展一样，直接序列扩频也在 24 GHz 的 ISM 频率范围内进行通信。将二元相对移相键控作为基础时，这种扩频技术的基本接入速率是 1 Mb/s。如果把基础换作四元相对移相键控，那么相应的传输速率为 2 Mb/s。

第三种，红外线（Infrared Radiation，IR）的波长为 850～950 nm，可用于室内传送数据。接入速率为 1 Mb/s。

802.11 a 的物理层工作在 5 GHz 频带，不采用扩频技术，而是采用正交频分复用（Orthogonal Frequency Division Multiplexing，OFDM），它也叫做多载波调制技术（载波数可多达 52 个），可以使用的数据率为 6 Mb/s、9 Mb/s、12 Mb/s、18 Mb/s、24 Mb/s、36 Mb/s、48 Mb/s 和 56 Mb/s。

802.11 b 的物理层使用工作在 2.4 GHz 的直接序列扩频技术，数据率为 5.5 Mb/s 或 11 Mb/s。

二、IEEE 802.11 标准中的 MAC 层

如图 3-4-1 所示，IEEE 802.11 标准规定了一种独特的 MAC 层协议，它基于协调功能（Coordination Function）来确定移动站何时发送或接收数据，以确保在基本服务集 BSS 中的移动站实现数据传输。在 802.11 的 MAC 层上方，有两个辅助层。在下一个子层级中，存在协调功能（Distributed Coordination Function，DCF）。DCF 通过 CSMA 机制引入竞争性元素，这导致节点必须通过竞争获得在信道上传输数据的机会，从而提供一种竞争性的通信服务。虽然自组网络中包含点协调功能（Point Coordination Function，PCF），但它不具备 PCF 子层。PCF 采用集中控制接入算法，由接入点 AP 负责执行中央控制。数据发送权限通过一种类似轮询的方法依次分配给各站点，以避免发生碰撞。对于如分组话音等需要快速解决的事务，操作人员所使用的协调功能 PCF 应该可以提供无争用服务。

以避免碰撞为目标，基于 802.11 规定，所有站在传输数据之后都必须在发送下一个数据包之前暂停一小段时间（持续监听），这段暂停的时间通常被称为帧间间隔 IFS（InterFrame Space）。所有站发送的帧的类型将决定帧间间隔的持续时间。由于高优先级帧的等待时间较短，它们具备更快的发送权限获取速度，与此相反，低优先级帧需要等待的时间较长。当所有站正忙于传

输高优先级帧时，如果低优先级帧尚未做好发送准备，它们会被迫延迟发送，这样一来，碰撞发生的可能性将会大大降低。

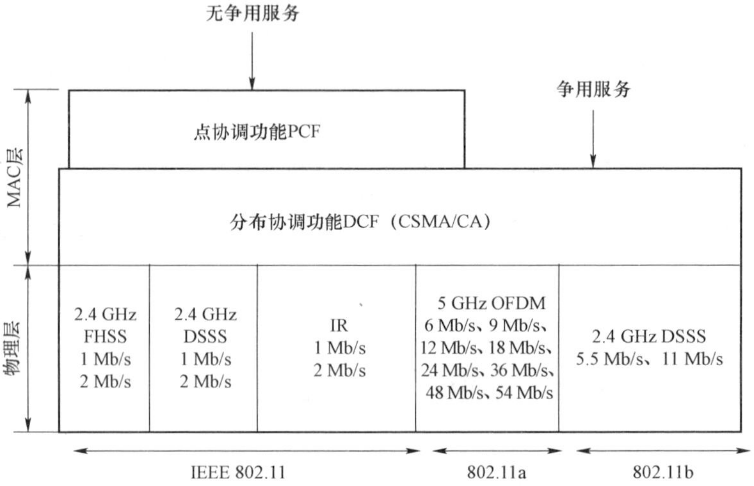

图 3-4-1　IEEE 802.11 的 MAC 字层

三、CSMA/CA 协议

尽管 CSMA/CD 协议在有线局域网中取得了成功，无线局域网 WLAN 仍无法直接采用该协议，究其原因：其一，CSMA/CD 协议要求每个站点在发送数据之前必须不断对信道进行检测，以明确是否存在其他的正在发送数据的站点，这是“碰撞检测”得以实现的前提，但是在无线局域网设备上添加“碰撞检测”功能，所需要的成本很高。其二，就算在实现碰撞检测功能的基础上，在信道空闲时进行了数据传输检测，接收端仍可能会在这种情况下出现碰撞情况，这表明碰撞检测在无线局域网中无法发挥有效作用。这种情况是无线通信信道天然具备的特定特性造成的。换句话说，出现这种情况，主要是由于无线电波具有多向传播的特性，在传播距离上会受到一定限制。当电磁波遇到阻碍物时，其传播范围会受到限制。另外，由于无线信道的传输环境复杂多变，信号强度波动范围极大，发送站难以精准判断碰撞是否发生。

所以，无线局域网所采用的协议是 CSMA 协议，而不是 CSMA/CD。在 CSMA 中引入碰撞避免（Collision Avoidance）是一种改进策略。比如说，为了提高传输效率，IEEE802.11 标准采用了 CSMA/CA 协议，并引入了确认机制。

802.11 标准要求在空中接口的物理层上执行载波感测，我们可以通过比较接收到的信号强度和预设的阈值来判断是否有其他移动设备正在使用该信道进行通信。

在源站要发送第一个 MAC 帧时，如果检测信道空闲，需要在等待一段时间 DIFS 后再开始发送。那么，为何在信道处于闲置状态时继续等待呢？这是因为其他站可能有高优先级帧需要发送。在这种情况下，应优先发送高优先级帧。假设没有任何紧急数据需要发送，源站就可以将自己的数据帧发出。数据包成功送达目的地后，经过一段 SIFS 时间间隔，目的地将发送确认帧 ACK 给源站。如果源站在特定时间（根据重传计时器控制）内没有收到确认帧，接收点需要向源站持续重新发送数据包，直到源站成功接收到确认。如果接收点未能成功发送或源站没有收到确认帧，那么经过多次尝试后，接收点可能会终止数据发送行为。

802.11 标准所采用的机制还包括虚拟载波监听（Virtual Carrier Sense）机制，通过该技术，其他节点能够在特定时间间隔内检测到信道是否正在传输数据，以及目标节点需要多长时间来等待确认帧，从而有效地降低碰撞发生的可能性。就“虚拟载波监听”机制而言，其他站点在频道被监听时不会自动停止发送数据，而是会在接收到源站发送的通知后才会暂停数据传输。这种表现和其他站都对信道进行了监听是较为相似的。源站设置的持续时间字段在传递 MAC 帧时起着重要作用，它可以确定帧在信道上停留的时长（相应单位为微秒），这个时长涵盖了发送帧及接收确认帧所需的时间。

当一个站收到传输中 MAC 帧头部中的“持续时间”字段时，它会更新其网络分配向量（Network Allocation Vector，NAV）。基于 NAV，在数据帧传输后，操作者需要等待一段时间，直到信道再次变为空闲状态。一旦信道从忙碌状态转为空闲状态，需要发送数据帧的站点会在经过一段 DIFS 间隔后，进入竞争窗口并生成随机退避时间，以便再次尝试发送特定数据。当信道从忙碌状态变为空闲状态时，各个站点必须遵循退避算法的规定步骤，以降低碰撞事件发生的可能性。尽管在实际情况下可能会有一些变化，802.11 标准仍然采用了二进制指数后退算法。

运用退避算法，首次退避时，在一个包含 2 个时隙的范围内以随机方式选择一个时隙进行退避；而第二次退避时，在一个范围为 4 个时隙的区间内随机选择一个时隙进行退避。

四、对信道进行预约的 RTS/CTS 协议

请求发送/允许发送（RTS/CTS）协议主要用来解决“隐藏终端”问题。IEEE 802.11 提供了如下解决方案。在参数配置中，若使用 RTS/CTS 协议，同时设置传送上限字节数，一旦待传送的数据大于此上限值时，即启动 RTS/CTS 握手协议。为了有效地应对由隐藏节点引起的冲突问题，802.11 标准允许操作人员利用信道预定来传输数据。如图 3-4-2 所示，在数据帧被发送之前，发送端 A 会先发送一个短的控制帧，我们可以称之为请求发送 RTS（Request To Send），其中包括了源地址、目的地址、本次通信所需的时间信息以及相应的确认帧。如果媒体闲置，目的站 B 将发送一个名为“允许发送 CTS（Clear To Send）”的响应控制帧，里面包含了从 RTS 帧中获得的本次通信所需的持续时间（见图 3-4-3）。一旦 A 成功收到了 CTS 帧，就可以开始发送其数据帧。下文将探讨 A 站和 B 站附近其他站的反应。

C 被 A 所覆盖，但不在 B 的范围内。所以，C 能够接收来自 A 的 RTS，但对于接收 B 发送的 CTS，C 在接下来的一段时间内却无法实现。即使 A 向 B 发送数据，C 也可以在不干扰 B 的前提下同一时间向其他站发送数据。需要注意的是，如果 C 无法接收到 B 的信号，那就意味着 B 也无法接收到 C 的信号。

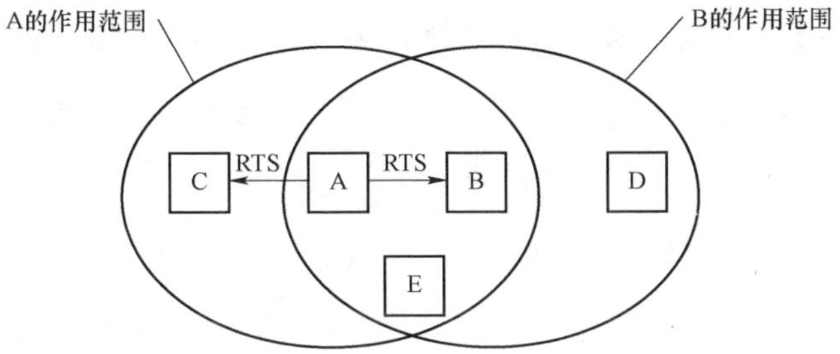

图 3-4-2 A 发送 RTS 帧

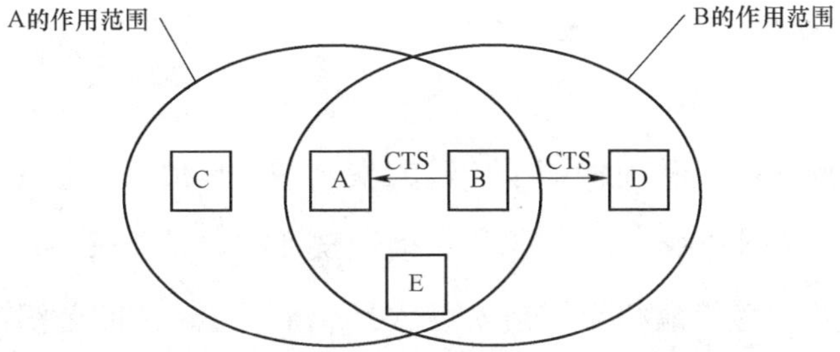

图 3-4-3 B 发送 CTS 帧

再仔细观察 D 的情况，D 无法接收到来自 A 的 RTS 帧，却可以接收到来自 B 的 CTS 帧。D 意识到 B 打算与 A 进行通信，在 A 和 B 交流的时期内，D 无法发送数据，这样就不会对 B 接收 A 发送的数据产生负面影响。

由于 E 具有能够接收 RTS 和 CTS 的能力，在 A 发送数据帧给 B 并且 B 发送确认帧给 A 的期间，E 与 D 一样，也无法进行数据传输。由此可知，从本质上看，这种协议是在占用信道一段时间后再发送数据帧。

五、WAPI 协议

WAPI，全称 Wireless LAN Authentication and Privacy Infrastructure，在中文语境下，我们可以称之为“局域网鉴别和保密基础结构”，其本质上是一个安全协议，被视为中国标准的无线局域网安全规范，具备强制性特点。

WAPI：WAI（WLAN Authentication Infrastructure）和 WPI（WLAN privacy infrastructure），WAI 和 WPI 分别实现对用户身份的鉴别和对传输业务数据的

加密，其中 WAI 采用公开密钥密码体制，利用公钥证书来对 WLAN 系统中的 STA 和 AP 进行认证；WPI 则采用对称密码算法实现对 MAC 层 MSDU 的加/解密操作。

WAPI 是一种无线传输协议，类似于红外线、蓝牙、GPRS 和 CDMA1X 等其他协议，但它专门适用于无线局域网（WLAN），并且与 802.11 传输协议属于同一技术领域。WAPI 是我国首个在计算机宽带无线网络通信领域自主创新并拥有知识产权的安全接入技术标准，也是中国无线局域网强制性标准中的安全机制。

WAPI 双向认证，从而保证了传输的安全性。WAPI 安全系统以公钥密码技术为基础，授权服务器 AS 的职责包括颁发证书、对证书进行验证、对证书就那些吊销。无线客户端和无线接入点 AP 都将经过认证的公钥证书当作验证其数字身份的凭据。在连接到无线接入点 AP 后，无线客户端需要经过鉴别服务器 AS 验证身份，然后才能访问网络。立足于验证结果，只有带有有效证书的移动设备才能连接到带有有效证书的无线接入点 AP。

无线局域网鉴别与保密基础结构（WAPI）系统包括 WAI 身份验证和密钥管理以及 WPI 数据传输保护两个部分。

无线局域网保密基础结构（WPI）能够通过加密和解密处理来保护无线局域网 MAC 子层的 MPDU，以促进数字证书和密钥协商，确保数据安全传输。这一过程有助于保障设备的身份识别、链路验证、访问管控，并且有助于在无线通信中对用户信息进行加密保护。

WAPI 无线局域网鉴别框架（WAI）采用了更强大的身份验证机制，其密钥管理技术的灵活性也更高，同时它能够集中管理网络用户，以解决更全面和复杂的安全问题。WAP1 被认为比 802.11 更先进，因为它所采用的双向认证加密技术更高级。WAPI 使用经过国家密码管理委员会授权的椭圆曲线和秘密密钥体制，能够在无线传输状态下，对链路验证、设备验证、用户信息、访问控制等进行加密保护。并且，WAPI 采用了单点式和中心式应用模式，有望完全解决当前 WLAN 中存在的多种相互不兼容的安全机制问题，进而从根本上消除安全、兼容等方面的不良状况。因此，我国要求相关企业遵守 WAPI 标准，以增强对数据安全的保护能力。

除此之外，设备之间的连接对运营商至关重要。如今，有许多制造商声称他们的产品已经通过 WIF-1 兼容性测试，不过各个厂商提供和应用的安全解决方案还存在一些差异。以安奈特 AT-WR2411 无线网卡为案例，其利用包括扩频编码、加密技术等多种安全手段，能够确保数据传输时的安全性。这个网络适配器兼容支持 40 位和 128 位 WEP（Wired Equivalent Privacy）加密。此外，结合使用 3Com 的无线网卡与 3Com11 Mb/s 无线局域网 Access Point 6 000，用户可以利用最先进的动态安全连接技术。与共享密钥方案相比，这项技术会为每个会话生成一个独特的 128 位加密密钥。由于安全标准不一致，我们无法通过启用安全功能的不同 WLAN 设备正确地进行有效通信。这就意味着运营商需要开发多种用户管理功能，以适应各种安全方案的需求。这样一来，设备管理的复杂度会提升，运营和维护的成本也会增加，对于资产保护也是极为不利的。另外，用户无法在不同的安全接入点（Access Point，AP）之间平滑地切换，这会导致客户体验大打折扣。

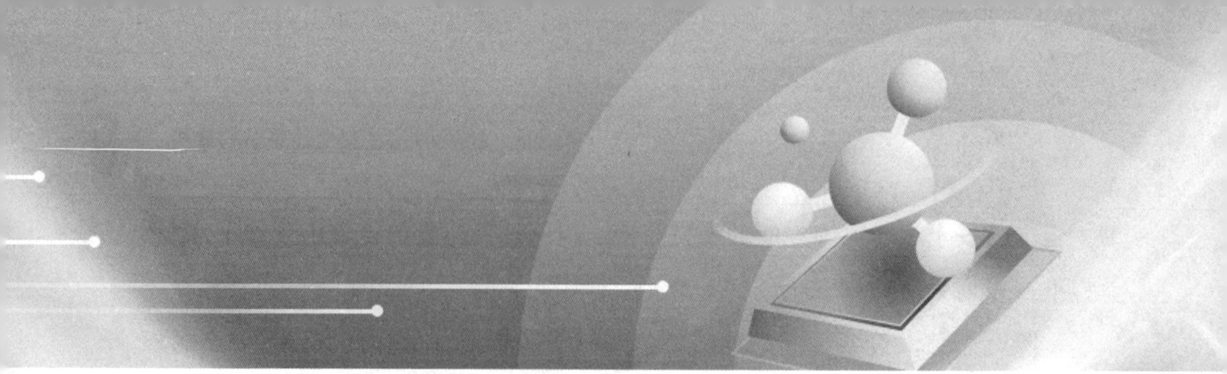

第四章　信息安全技术基础

本章为信息安全技术基础，论述了密码学概论、常用加密技术、密码技术的应用、常用安全协议四个方面的内容，让读者对信息安全技术的基础有了初步认识。

第一节　密码学概论

“密码学（cryptography）是一门古老而深奥的学科，它以认识密码变换为本质，以加密与解密基本规律为研究对象”①。Cryptography 一词来源于古希腊的 crypto 和 graphen，意思是密写。保密通信的思想和方法早在几千年前就已经有了，埃及人是最先使用特别的象形文字作为信息编码的人。随着时间推移，巴比伦、美索不达米亚和希腊都开始使用一些方法来保护他们的书面信息。对信息进行编码曾被 Julias Caesar（凯撒大帝）使用，也曾用于历次战争中，包括美国独立战争、美国内战和两次世界大战。最广为人知的编码机器是 German Enigma，在第二次世界大战中德国人利用它创建了加密信息。此后，由于 Alan Turing 和 Ultra 计划以及其他人的努力，终于对德国人的密码进行了破解。当初，计算机的研究就是为了破解德国人的密码，人们并没有想到计算机给今天带来的信息技术革命。近年来，密码学研究之所以十分活

① 余智豪，马莉，胡春萍. 物联网安全技术［M］. 北京：清华大学出版社，2016.

跃，主要是它与计算机科学的蓬勃发展密切相关；此外，还有在电信、金融领域和防止日益广泛的计算机犯罪的需要。在互联网出现之前，密码技术已经广泛应用于军事和民用方面。现在，密码技术在计算机网络中的应用实例越来越多。

一、密码学的历史

我们可以将密码学的发展划分为三个阶段：第一，古代加密方法阶段（手工阶段）；第二，古典密码阶段（机械阶段）；第三，近代密码阶段（计算机阶段）。

（一）古代加密方法（手工阶段）

这一时期的密码技术源于战争需求，可以说是一种艺术，而不是一种科学。存于石刻或史书中的记载表明，许多古代文明，包括埃及人、希伯来人、亚述人都在实践中逐步发明了密码系统。从某种意义上说，战争是科学技术进步的催化剂。人类自从有了战争，就面临着通信安全的需求，密码技术历史悠久、源远流长。古代加密方法大约起源于公元前 440 年，出现在古希腊战争中的隐写术，当时为了安全传送军事情报，奴隶主剃光奴隶的头发，将情报写在奴隶的光头上，待头发长长后将奴隶送到另一个部落，再次剃光头发，原有的信息复现出来，从而实现这两个部落之间的秘密通信。

在古代，我国也流行过很多独特的文学形式，如藏尾诗、藏头诗、绘画、漏格诗等，文人们利用这些文体将真实意义或“秘密信息”巧妙地潜藏在特定位置上，一般读者只会注重作品的字面意思，较难察觉隐藏其中的“暗语”“弦外之音”。

最早的密码技术，来源于公元前 2000 年。希伯来人的一种加密方法是把字母表调换顺序，这样的字母表的每一个字母就被映射成调换顺序后的字母表中的另一个字母，这种加密方法被称为 Atbash。在公元前 400 年，斯巴达人创造了一种名为“塞塔式密码”的技术，他们使用一根多棱形的棒子将一条长长的纸卷在上面，然后逐行水平写下文字，每写完一个字就转动一下。解下后，纸条上的文字会变得毫无规律，令人难以理解。这种情况下，文字就会被转化为密文。但是，当将纸条绕在另一个相同尺寸的棒子上时，原始消息就能够清晰地展现出来。后来，朱丽叶斯•凯撒发明了一种近似于Atbash 替换字母的方法。当时，没多少人能够第一时间读懂，这种方法提供了较高的机密性。中世纪，欧洲人在不断利用新的方法、新的工具和新的实践优化自己的加密方案。在 19 世纪晚期，密码学已经被广泛地用作军事上的通信方法。

（二）古典密码（机械阶段）

古典密码的加密方法一般是文字置换，使用手工或机械变换的方式实现。古典密码系统已经初步体现出近代密码系统的雏形，它比古代加密方法复杂，其变化较小。随着机械和电子技术的发展，电报和无线通信的出现，加密装置得到了突飞猛进的提高，转子加密机是军事密码学上的一个里程碑，这种加密机是在机器内用不同的转子来替换字母，它提供了很高的复杂性，从而很难攻破。

德国的 Enigma 机是历史上最著名的加密机。这种机器有三个转子、一个线路连接板和一个反转转子。在加密过程开始之前，消息产生者将 Enigma 机配置成初始设置，操作员把消息的第一个字母输入加密机，加密机用另一个字母来代替并把这个字母显示给操作员看。它的加密机制是：通过把转子旋转预定的次数用另一个不同的字母来代替原来的字母。因此，如果操作员把 T 作为第一个字符敲入机器中，Enigma 机可能会把 M 作为密文，操作员把字母 M 写下来，然后他可以加快转子的速度再输入下一个字符，每加密一个字符操作员就加快转子的速度作为一个新的设置。继续这样下去，直到整个消息被加密。然后，加密的密文通过电波传输，大部分情况是传到潜水艇。这种对每个字母有选择性地替换依赖于转子装置，因此这个过程的关键和秘密的部分（密钥）在于在加密和解密的过程中操作员是怎样加速转子的，两端的操作员需要知道转子的速度增量顺序以使得德国情报部门能够正确地通信。尽管 Enigma 机的装置在当时非常复杂，但还是被一组波兰密码学家攻破，从而使得英国知道了德国的进攻计划和军事行动。有人说，Enigma 机的破译使第二次世界大战缩短了两年。

（三）近代密码（计算机阶段）

前面介绍了古代加密方法和古典密码，它们的研究还称不上是一门科学。直至 1949 年，香农发表了名为“用于保密系统的通信理论”的经典论文，其中首次将信息论与密码学结合在一起，促使传统密码学朝着科学研究方向发展，为密码学的进步打下了理论基础。除此之外，这篇文章通过数学手段详细讨论了密文的信息来源、密钥生成、传输和阻拦情况，并构建了一个具备通用性的加密体系模型。

在历史约束的前提下，直到 20 世纪 70 年代中期之前，绝大多数的密码学研究是秘密进行的，密码主要在军事和政府领域发挥作用。密码学在 20 世纪 70 年代中期开始迅速发展，并得到了广泛应用。美国国家标准局于 1977 年发布了适用于非政府机构的 DES 数据加密标准。该系统已披露了所有加密和解密算法的详细信息。这一措施使得密码学不再局限于仅负责信息安全保护，人们可以将其运用于商业和其他诸多领域，进而为这些领域注入新的活力。

1976 年，密码学领域出现了另一个重要的突破，即美国密码学家迪菲和赫尔曼在他们的研究中提出了一个新颖的观点：加密算法和密钥可以是公开的。然而，这并不意味着隐私保护会变差。在加密密钥与解密密钥不相符的情况下，只要保持加密密钥的机密性，用户就能够确保信息足够安全。这是一个被许多人熟知的公开密钥加密系统。如果存在这样的公钥加密系统，那么人们就可以将加密密钥视作电话簿。这意味着用户可以在想要发送加密信息给其他用户时，通过查找密钥簿来获取目标用户的公开密钥，并用它加密信息。接收者则可以使用自己独有的解密密钥解密消息。在这一过程中，任何第三方都无法截获信息。里维斯特、沙米尔和阿德曼于 1978 年在美国麻省理工学院首次提出了 RSA 公钥密码体制，其至今仍然被广泛认可，并被认为是最成功的公钥密码系统之一，它的安全性取决于大整数因子分解在数论中的应用。这个问题属于数论领域的范畴，迄今为止，人们仍然没有找到可行的解决方案，这就导致其复杂性异常高并且具备一定的神秘色彩。

在传统看法中，密码主要被用来对信息进行加密，以避免特定信息被其他方盗取或破解。然而，现代密码学需要的不仅仅是确保信息的保密性，还需要确保系统具备抵御主动攻击的能力。其中，主动攻击是指攻击者在信息传递过程中伪装或篡改信息，从而欺骗合法的信息接收方。鉴于主动攻击有可能带来信息篡改和身份冒用的风险，我们在当下密码学中确立有效的认证体制是非常重要的，其目标是确保接收者能够验证消息的真实性和完整性。在很多情况下，如在电子汇款中，相比信息保密，能够对主动攻击进行对抗的认证体制的关键性更高。2014 年 8 月 27 日至 30 日，中国密码学在河南省郑州市举办了 2014 年会（China Crypt 2014），该会议并由信息工程大学负责组织。会议聚焦于聚集国内密码学领域的专家群体，其中包括科研人员、教授、行业资深专业人士、研究生、工程技术精英等，一起探讨密码学领域的最新进展、重要议题、学术动向和未来发展方向，以推动学术界和产业界之间的合作发展。

在密码学的发展过程中，数学和计算机科学至关重要。在数学领域，存在诸如概率统计、数论、信息论、近似代数、算法复杂性理论、椭圆曲线理论、编码理论、自动机理论等多个不同分支，而这些分支都对密码学的发展发挥了支持作用。

密码学是在计算机科学迅速进步的推动下逐渐兴起并蓬勃发展的。电子计算机的快速发展和现代数学方法的广泛应用促进了加密技术的发展，然而这也为攻击者提供了更多的工具和机会。随着计算机和电子学时代的到来，密码设计师们拥有了更多的设计选择。他们不再受到手工设计可能产生的错误的限制，同时也能够节省高额的电子机械密码机制制造成本。总而言之，在使用电子计算机的情况下，研发人员设计出的密码系统的复杂程度更高。

二、密码系统的概念

密码系统又称为密码体制，是指能完整地解决信息安全中的机密性、数据完整性、认证、身份识别及不可抵赖等问题中的一个或几个的一个系统。其目的是人们能够使用不安全信道进行安全的通信，如图 4-1-1 所示。

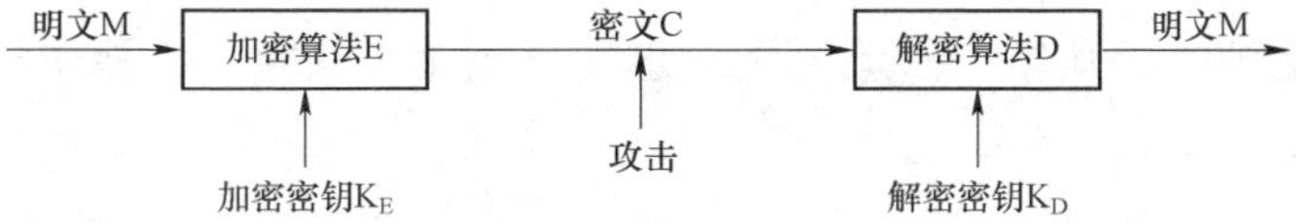

图 4-1-1　密码系统

一个密码系统由算法及所有可能的明文、密文和密钥组成。因此，一个完整的密码体制要包括如下五个要素（M、C、K、E、D）。

（1）M：明文（Plain-text）是明文的有限集，称为明文空间。

（2）C：密文（Cipher-text）是密文的有限集，称为密文空间，是对明文变换的结果。

（3）K：密钥（Key）是一切可能的密钥构成的有限集，称为密钥空间。

（4）E：加密算法（Enerypt）是一组含有参数的变换。

（5）D：解密算法（Deerypt）加密的逆变换。

密码体制的设计要求应符合早在 1883 年由科克霍夫斯（Koshykhov）提出的一个重要原则：密码系统中的算法即使为密码分析者所知，也无助于用来推导出明文和密文。

密码体系的加密过程描述：C＝KE（M）。

密码体系的解密过程描述：M＝KD（C）。

三、密码的分类

密码可以根据不同的衡量标准和角度进行分类，具体如下。

（一）按应用技术或历史发展阶段划分

（1）手工密码。它是一种要求使用者通过手动操作或利用基本工具，完成加密过程的密码。在第一次世界大战之前，绝大多数人都以这种方式进行加密。

（2）机械密码。它要求使用者通过机械密码机或电动密码机来完成加解密操作。这种密码从第一次世界大战出现直到第二次世界大战中逐渐得到普遍应用。

（3）电子机内乱密码。这种密码使用电子电路进行逻辑运算，同时以少量的随机性输入生成大量的加密随机数。这种加密方法是在加密和解密数据时立即进行的，无需事先生成密钥。此外，电子机内乱密码在 20 世纪 50 年代末兴起，并延续至 20 世纪 70 年代，曾经风靡一时。

（4）计算机密码。计算机密码主要利用编程计算机软件执行加密算法，可被广泛用于各种场景，如保护计算机数据和网络通信等。它是密码学技术领域的一个重要组成部分。

（二）按保密程度划分

（1）理论上保密的密码。无论能接受到何种量级的密文、拥有多高的计算能力，也无法通过分析得到明文唯一解的密码，就是理论上保密密码，我们也可以称之为理论不可破的密码。比如说，一次性密码就是这类密码的代表。

（2）实际上保密的密码。这种密码理论上有可能被破解，但在当前的现实情况下，人们称无法通过计算得出唯一的解密密码为实际上保存的密码。

（3）不保密的密码。在已知一定数量的密文的情况下就可以确定的密码被称为不保密密码。从最早人们采用的单表替代密码到后来的多表替代密码，再到目前人们采用的额外密钥与明文相结合的密码，都属于上述这一类型的密码。

（三）按编制原理划分

以编制原理为标准，我们可以将密码划分为移位、替换和置换这三种类型，无论密码采用何种形式加以巧妙变化，都是基于这些原理而设计的。这种密码设计方法古往今来在中外各地都得到过应用。移位，代替和置换这三种原理在密码编制和使用中相互结合，灵活应用，形成了各种不同的密码算法。

第二节　常用加密技术

加密技术是对信息进行编码和解码的技术，编码是把原来可读信息（又称明文）译成代码形式（又称密文），其逆过程就是解码（解密），常用加密技术主要分为对称加密算法和非对称加密算法。

一、对称加密算法

对称加密算法（Symmetric-Key Algorithm）也称为传统密码算法，这种算法要求使用者在加密和解密时使用相同密钥。这个算法的密钥可以用来同时进行加密和解密数据，并且加密密钥和解密密钥是相互匹配的。在绝大多数对称加密算法中，加密密钥和解密密钥是一样的，所以我们也可以将这些算法称作秘密密钥算法或者单密钥算法。密钥的保密性决定了对称加密算法的安全性，保护密钥的机密性是确保通信安全性的关键，因为一旦密钥泄露，任何人都有可能解密通信内容。除此之外，用户对对称加密算法进行使用的前提是生成一个独特的密钥，这会导致发件人和收件人需要处理许多不同的密钥，进而使得密钥管理的难度变大。在分布式网络系统中，对称加密算法面临的主要问题在于密钥管理的复杂性和高昂的成本。DES、IDEA 和 AES 是常用的对称加密算法，广泛应用于计算机专用网络系统中。

（一）DES 算法

美国国家标准局（NBS）于 1977 年颁布了一项由 IBM 公司设计的加密算法，并将其视作可在非军事领域中使用的数据加密标准（Data Encryption Standard，DES）。自发布以来，这个加密算法已被广泛用于商业机密通信和计算机通信等领域，并在全球范围内掀起热潮。当时规定 DES 的使用期为 10 年，后来美国政府宣布延长它的使用期，其原因大概有两条：一是 DES 尚未受到严重的威胁；二是一直没有新的数据加密标准问世。DES 超期服役了很长时间，在国际通信保密的舞台上活跃了 20 年。

DES 是 1972 年美国 IBM 公司研制的对称密码体制加密算法。明文按 64 位进行分组，密钥长 64 位，密钥事实上是 56 位参与 DES 运算（第 8、第 16、第 24、第 32、第 40、第 48、第 56、第 64 位是校验位，使得每个密钥都有奇数个 1）分组后的明文组和 56 位的密钥按位替代或交换的方法形成密文组的加密方法。

1. DES 工作的基本原理

入口参数有三个：key（密钥，用于加密和解密）、data（需要加密或解密的数据）和 mode（操作模式）。在加密过程中，原始数据将按照 64 位的形式被分组，在解密过程中，密钥将被用来对数据进行解密。在实际应用中，密钥的有效位数只有 56 位，这有助于提升其安全性。DES 工作的基本原理如图 4-2-1 所示。

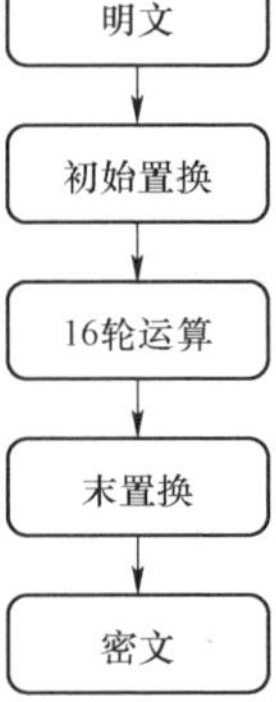

图 4-2-1　DES 工作的基本原理

2. DES 算法的主要流程

DES 算法主要通过 64 位的密钥对 64 位的明文块进行加密，进而产生 64 位的密文块。整个算法的主流程如图 4-2-2 所示。DES 算法大致可以分成四个部分：初始置换、迭代过程和逆置换，迭代过程中又涉及置换表、函数、S 盒及子密钥生成等。

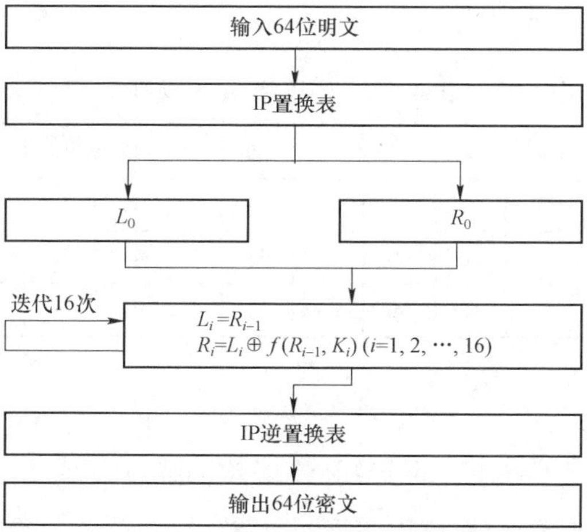

图 4-2-2　DES 算法流程图

（1）置换规则表

初始置换和逆置换均是按照一张置换表的置换规则进行置换。初始置换主要有输入的 64 位数据按 IP 置换表进行重新组合，并把输出分为 L、R 两部分，每部分各长 32 位，其 IP 置换表如表 4-2-1 所示。

表 4-2-1　IP 置换表

58	50	12	34	26	18	10	2	60	52	44	36	28	20	12	4
62	54	46	38	30	22	14	6	64	56	48	40	32	24	16	8
57	49	41	33	25	17	9	1	59	51	43	35	27	19	11	3
61	53	45	37	29	21	13	5	63	55	47	39	31	23	15	7

即将输入的 58 位换到第 1 位，第 50 位换到第 2 位，以此类推，最后一

位是原来的第 7 位。L_0、R_0 则是换位输出后的两部分，L_0 是输出的左 32 位，R_0 是右 32 位。例如，设置换前的输入值为 $D_1D_2D_3\cdots D_{64}$，则经过初始置换后的结果为 $L_0=D_{58}D_{50}\cdots D_8$；$R_0=D_{57}D_{49}\cdots D_7$。

经过 16 次迭代运算后，得到 L_0、R_0，将此作为输入，进行逆置换，即得到密文输出。逆置换正好是初始置换的逆运算。例如，第 1 位经过初始置换后，处于第 40 位，而通过逆置换 IP-1，又将第 40 位换回到第 1 位，其逆置换 IP-1 规则如表 4-2-2 所示。

表 4-2-2　逆置换 IP-1 规则

40	8	48	16	56	24	64	32	39	7	47	15	55	23	63	31
38	6	46	14	54	22	62	30	37	5	45	13	53	21	61	29
36	4	44	12	52	20	60	28	35	3	43	11	51	19	59	27
34	2	42	10	50	18	58	26	33	1	41	9	49	17	57	25

（2）迭代过程

在 16 轮迭代的过程中，将每轮 64 比特的输入分成 32 比特的左右两半，分别记为 L 和 R，每轮变换可用下面公式表示：

$$L_i=R_{i-1}$$

$$R_i=L_{i-1}\oplus f(R_{i-1},K_i)$$

如上述公式所示，第 i 轮迭代的左半部分直接即为第 i-1 轮的右半部分，而第 i 轮右半部分为第 i-1 轮左半部分异或 f（R_{i-1}，K_i）。

（3）函数 f

函数 f 有两个输入：32 位的 R_{i-1} 和 48 位 K_i，f 函数的处理流程如图 4-2-3 所示。

（4）换位表

图 4-2-3 中 E 变换的算法是从 R_{i-1} 的 32 位中选取某些位，构成 48 位。即 E 将 32 比特扩展变换为 48 位，变换规则根据 E 置换表，如表 4-2-3 所示。

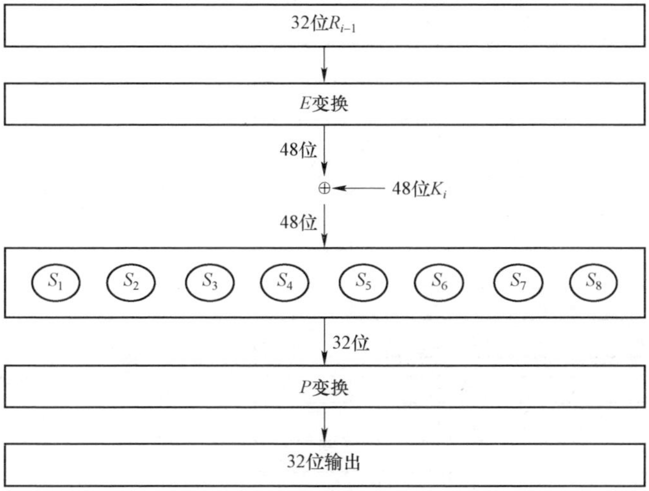

图 4-2-3　f 函数的处理流程图

表 4-2-3　E 置换表

32	1	2	3	4	5	4	5	6	7	8	9	8	9	10	11
12	13	12	13	14	15	16	17	16	17	18	19	20	21	20	21
22	23	24	25	24	25	26	27	28	29	28	29	30	31	32	1

P 变换的算法是从 S 盒的输出作为 P 变换的输入，P 的功能是对输入进行置换，P 置换表如表 4-2-4 所示。

表 4-2-4　P 置换表

16	7	20	21	29	12	28	17	1	15	23	26	5	18	31	10
2	8	24	14	32	27	3	9	19	13	30	6	22	11	4	25

（5）子密钥 K_i

假设密钥为 K_i 长度为 64 位，但是其中第 8、第 16、第 24、第 32、第 40、第 48、第 64 用作奇偶校验位，实际上密钥长度为 56 位。K 的下标 i 的取值范围是 1～16，用 16 轮变换来构造。子密钥 K_i 的构造过程如图 4-2-4 所示。

首先，对于给定的密钥 K，应用 PC1 变换进行选位，选定后的结果是 56 位，设其前 28 位为 C_0，后 28 位为 D_0, PCl 选位如表 4-2-5 所示。

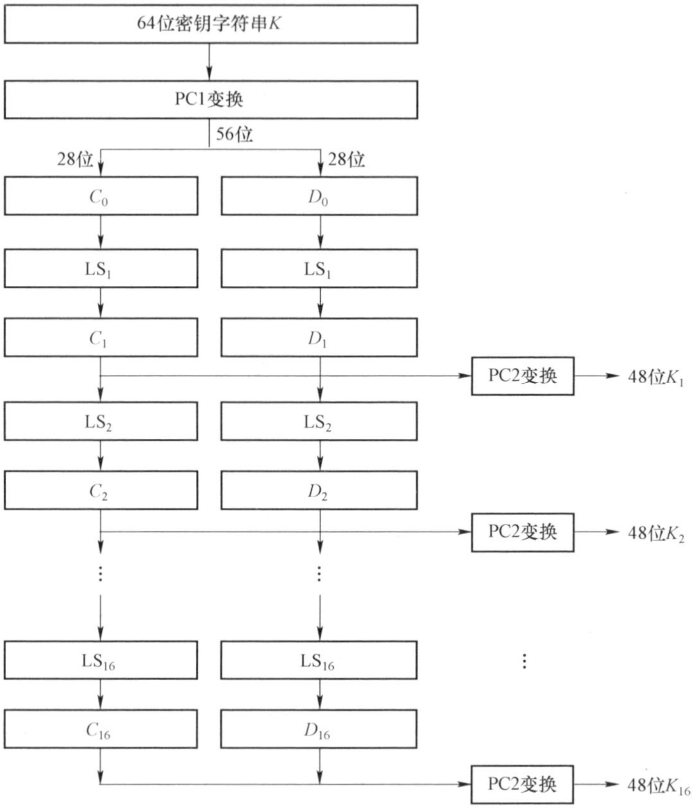

图 4-2-4　子密钥 K_i 生成过程

表 4-2-5　PC1 变换表

57	49	41	33	25	17	9	1	58	50	42	34	26	18
10	2	59	51	43	35	27	19	11	3	60	52	44	36
63	55	47	39	31	23	15	7	62	54	46	38	30	22
14	6	61	53	45	37	29	21	13	5	28	20	12	4

第一轮：对 C_0 作左移 LS1 得到 C_1，对 D_0 作左移 LS1 得到 D_1，对 C_1D_1 应用 PC2 进行选位，得到 K_1。其中 LS1 是左移的位数，如表 4-2-6 所示。

表 4-2-6　LS 左移表

1	1	2	2	2	2	2	2	1	2	2	2	2	2	2	1

表 4-2-6 中的第一列是 LS1，第二列是 LS2，以此类推。左移的原理是所有二进位向左移动，原来最右边的比特位移动到最左边，其中 PC2 如表 4-2-7 所示。

表 4-2-7　PC2 变换表

14	17	11	24	1	5	3	28	15	6	21	10
23	19	12	4	26	8	16	7	27	20	13	2
41	52	31	37	47	55	30	40	51	45	33	48
44	49	39	56	34	53	46	42	50	36	29	32

第二轮：对 C_1、D_1 作左移 LS2 得到 C_2 和 D_2，进一步对 C_2、D_2 应用 PC2 进行选位，得到 K_2。如此继续，分别得到 K_3，K_4，…，K_{16}。

（6）S 盒的工作原理

S 盒以 6 位作为输入，而以 4 位作为输出，现在以 S_1 盒为例说明其过程。假设输入为 A=ala2a3a4a5a6，则 a2a3a4a5 所代表的数是 0～15 的一个数，记为：k=a2a3a4a5；由 ala6 所代表的数是 0～3 间的一个数，记为 h=ala6。在 S_1 盒的 h 行，k 列找到一个数 B，B 在 0～15，它可以用 4 位二进制表示，为 B=b1b2b3b4，这就是 S_1 盒的输出，如图 4-2-5 所示。

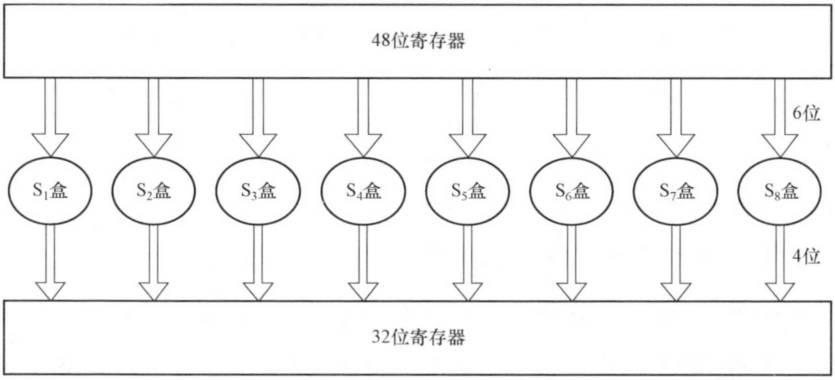

图 4-2-5　S 盒变换

如6位输入的第1和第6位组合构成了2位二进制数，可表示十进制数0～3，它对应着表中的一行；6位输入的第2到第5位组合构成了4位二进制数，可表示十进制数0～15，它对应着表中的一列。假设 S_1 盒的6位输入是110100，其第1位和第6位组合为10，它对应 S_1 盒的第2行；中间4位组合为1010，它对应 S_1 盒的第10列。S_1 盒的第2行第10列的数是9，其二进制数为1001（行和列的计数均从0开始而非从1开始）。1001即为输出，则1001就代替了110100。

3. DES算法的安全性

DES算法被普遍认为是一种比较安全的加密算法。当下社会，穷举法是已知的唯一能破解该算法的方法。就DES算法而言，采用64位密钥技术，但其中只有56位被用于加密解密，而剩余的8位主要负责校验。举例来说，假设有一台计算机，它的计算速度每秒达到一百万次。在这种情况下，对于256位空间的情况，该计算机想要进行全面搜索（穷举），需要花费2285年的时间。所以，我们可以认为，DES算法是相当安全的。

（二）三重DES（3DES）

DES的主要密码学缺点就是密钥长度较短，为了解决使用DES技术56位时密钥日益减弱的强度问题，其办法之一是采用三重DES算法（Triple DES或3DES），即使用两个独立密钥 K_1 和 K_2 对明文运行DES算法三次，得到112位有效密钥强度，若对3DES的穷举攻击需要2 112次，而不是DES的264次。其算法的步骤如下。

（1）用密钥 K_1 进行DES加密。

（2）用步骤（1）的结果使用密钥 K_2 进行DES解密。

（3）用步骤（2）的结果使用密钥 K_1 进行DES加密。

这个过程称为EDE，因为它是由加密—解密—加密（Encrypt-Decrypt-Encrypt）步骤组成的。在EDE中，中间步骤是解密，所以，可以使 $K_1=K_2$

来用三重 DES 方法执行常规的 DES 加密。

三重 DES 的缺点是时间开销较大，三重 DES 的时间是 DES 算法的 3 倍。但从另一方面看，三重 DES 的 112 位密钥长度在可以预见的将来可认为是适合的。

DES 被认为是安全的，这是因为要破译它可能需要尝试 256 位密钥直到找到正确的密钥。

（三）IDEA 加密

1. IDEA 加密算法概述

IDEA 是一种在密码学领域被广泛采用的数据块加密算法，我们也可以称之为国际数据加密算法（International Data Encryption Algorithm）。IDEA 使用的密钥长度为 128 位，使用的数据块为 64 位。在理论层面看，IDEA 算法被认为是一种“强”加密算法，迄今为止，尚未出现可成功攻击该算法的有效方法。目前 IDEA 已由瑞士的 Ascom 公司注册专利，以商业目的使用 IDEA 算法必须向公司申请许可。

IDEA 加密算法的发展基础是 DES 算法，在某种程度上说，它与三重 DES 算法有相似之处。IDEA 的发展源于 DES 密钥较短的不足之处，这些不足之处使得 DES 技术慢慢落后于时代发展的脚步。就 IDEA 加密算法而言，128 位的密钥长度是足够安全的，可以在未来几年内保护数据的安全。从本质上看，IDEA 算法与 DES 算法相似，它们都是数据块加密算法，前者可以通过多次循环对数据块进行加密，而每次加密都需要选取加密密钥中的一个子密钥进行使用。然而，相对于 DES，IDEA 算法的独特之处在于该算法可同时被运用于硬件和软件内，可使二者在性能和灵活性方面取得平衡。IDEA 起源于非美国地区，因此它不受美国法律对加密技术的约束，这意味着相关的书籍可以在市场上自由流通、在社会上自由传播，这将有助于 IDEA 技术的普及与更新迭代。

就当下而言，IDEA 已广泛应用于各种工程项目中，如 PGP（Pretty Good Privacy）将 IDEA 作为其分组加密算法之一；安全套接字（Secure Socket Layer，SSL）在其加密算法库中添加了 IDEA；Ascom 公司拥有 IDEA 算法的专利，并且推出了一系列安全产品，其中包括 IDEA 加密芯片、Exchange 安全插件、IDEA 加密软件包，所有这些产品都采用 IDEA 算法。并且，相关人员针对 IDEA 算法展开的应用和研究，正在逐步进入更完备的阶段。

2. IDEA 算法原理

从实质层面看，IDEA 是一种迭代算法，它结合了 8 个相似圈（Round）和一个输出变换（Output Transformation）。IDEA 所包含的不同相似圈都涵盖乘法、加法、异或三种基本运算。IDEA 在进行加密之前，会对 128 位密钥进行扩展，即密钥扩展（Key Expansion），而后生成 52Byte 的加密密钥（Encryption Key，EK）。下一步，IDEA 会通过 EK 进行计算以获得解密密钥（Decryption Key，DK）。EK 和 DK 被分解为总共 8 组半密钥，每个半密钥由 6Byte 组成。在加密过程中，前 8 组密钥的作用是进行 8 圈加密，剩下的半组密钥（4Byte）的功能是输出变换。在 IDEA 加密算法中，加密和解密相互对应的，操作者只需要分别利用加密密钥（EK）和解密密钥（DK）来执行这两个操作。

3. IDEA 算法的安全性

IDEA 算法的密钥为 128 bits（DES 的密钥为 56 bits），这就要求设计者增强其对差分密码分析攻击的抵抗力。数学家已明确 IDEA 算法在第四轮迭代后，该算法将变得不容易受到差分密码分析的影响。如果尝试通过穷举法攻击，并研发一种每秒钟可以尝试 10 亿个密钥的专用芯片，然后又将 10 亿个这样投入工作，那么要解决相关问题，我们仍需花费 1013 年的时间。除此之外，虽然我们在一天之内可以通过使用 1024 个这样的芯片来找到密钥，但是，就目前而言，我们无法获得足够的硅原子来生产这种设备。就当今社会发展水平来说，还没有试图对 IDEA 进行密码破解分析的相关公开研究。所以我们可以得出结论：在目前的情况下，我们可以认为 IDEA 是极其安全可靠的。需要注意的是，IDEA 算法在速度方面胜过 RSA 算法，并且比 DES 算法更加安全。

二、非对称加密算法

（一）RSA 算法

RSA 算法是最著名、应用最广的公钥密码算法。RSA 的安全性取决于大模数的因子分解的困难性，其公开密钥和私人密钥是一对大素数（100 到 200 位的十进制数或更大）的函数，从一个公开密钥和密文中恢复出明文的难度等同于分解两个大素数之积的难度。就目前来看，尚未存在严格的数学证据证明分解模数是最有效的 RSA 攻击方式，也不存在能够证实大整数分解属于 NP 问题的科学依据。长久以来，世界范围内的数学家们一直在努力解决大整数因子分解问题，但他们未能找到有效的方法。一些人已经基于非因子费解提出了攻击 RSA 算法的方法，但是这类方法在难度上是不低于直接分解模数的。所以，我们可以断定，RSA 的安全性取决于其单向函数的逆问题的困难程度。目前，尚未有证据表明 RSA 单向函数逆推的安全性等同于真实的因子分解函数的安全性。许多研究人员都正在努力优化 RSA 算法，以使其安全性与模数的因子分解等同。

RSA 算法是被广泛认可的公钥密码算法之一，它拥有悠久的历史，且广为人知。RSA 算法具备安全性高、易于理解、易于实现等特点，并且适用于数据加密和数字签名等多种类型的工作。

RSA 算法的思路如下。

1. 密钥生成

（1）系统产生两个大素数 p、q（保密）。为了获得最大程度的安全性，选两数的长度样。

（2）计算模数 $n=p\times q$（公开），欧拉函数$\Phi(n)=(p-1)\times(q-1)$（保密）。

（3）随机选取加密密钥 e，使 e 和$\Phi(n)$互素，即满足：$0<e<\Phi(n)$且 $\gcd(e,\Phi(n))=1$。

（4）用欧几里得（Euclidean）扩展算法计算解密密钥 d，d 满足 $e\times d=1 \bmod \Phi(n)$，即 $d=e-1 \bmod \Phi(n)$。

（5）e 和 n 为公开密钥，d 是私人密钥。两个大数 p 和 q 应该立即丢弃，不让任何人知道。一般选择公开密钥 e 比私人密钥 d 小。最常选用的 e 值有 3 个，即 3、17、65537。

2. RSA 加密和解密过程

加密消息时，首先将明文分组并数字化，每个数字化分组明文的长度不大于 n（采用二进制数，选到小于 n 的 2 d 的最大次幂），设 mi 表示消息分组，ci 表示加密后的密文，它与 mi 具有相同的长度。

对每个明文分组 m 依次进行加解密运算。

（1）加密运算：使用公钥 e 和要加密的明文 m 进行 ci = mie（mod，n）运算即得密文。

（2）解密运算：使用私钥 d 和要解密的密文 c 进行 mi = cid（mod，n）运算即得明文。RSA 的实现过程如图 4-2-6 所示。

下面举例说明 RSA 算法的实现过程。

① 取两个质数 $p=11$，$q=13$，p 和 q 的乘积为 $n=p\times q=143$。

② 算出另一个数$\Phi(n)=(p-1)\times(q-1)=120$。

③ 再选取一个与$\Phi(n)=120$ 互质的数，如 $e=7$，则公开密钥 $=(n，e)=(143，7)$。

④ 对于这个 e 值，可以算出其逆：$d=103$。因为 $e\times d=7\times 103=721$，满足 $e\times d\bmod\Phi(n)=1$；即 $721 \bmod 120=1$ 成立，则秘密密钥 $=(n,d)=$（143，103）。

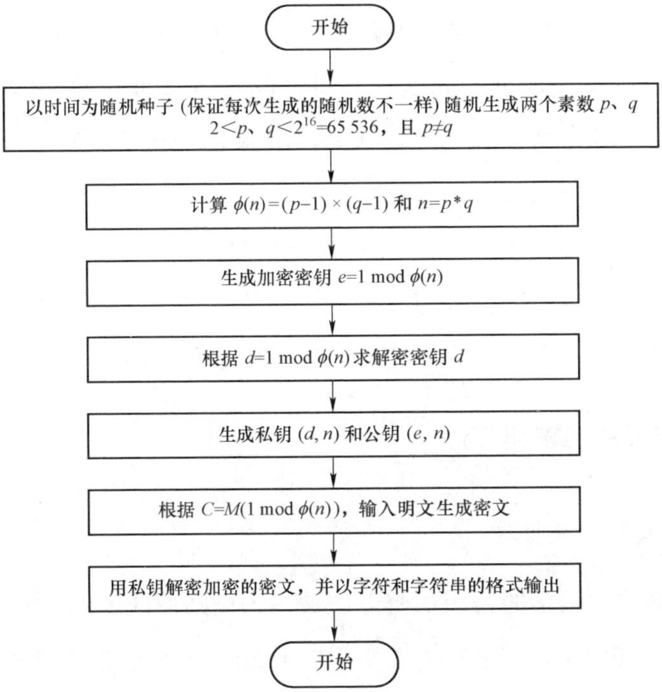

图 4-2-6　RSA 算法的实现过程

3. RSA 算法的特点及应用

RSA 算法的主要优势在于密钥管理简单（每个用户只需要保护一个密钥，无需共享密钥）、适用于数字签名并有着安全性（依赖于大素数分解的困难性），但它也存在缺点，包括加解密速度较慢、算法复杂，以及在硬件实现方面有一定挑战。所以，公钥加密通常用于保护关键且有限的敏感信息，而在需要加密大量数据时，对称密码体制往往是更为合理的选择。

RSA 算法的安全性取决于一个复杂的数论难题，也就是将大整数分解为素数因子，已有很多相关实验证据表明要想解决这一问题，难度非常大。随着大整数分解技术的发展、计算机运算速度的提高和网络技术的进步，为了保证算法的安全性，RSA 加密/解密所需的大整数在量级上也在逐渐增大。

分解大整数的难度决定了 RSA 算法的保密性，并且加密的强度也受其影响。如果使用每秒 10^6 次的计算机进行计算，那么我们需要用 74 年的时间去解析一个 100 位的十进制数，而解析一个 200 位的十进制数所用的时间为 3.8×10^9 年。可见，随着 n 的规模变大（p 和 q 都是 100 位数，n 是 200 位数），其分解难度会越来越大。我们可以认为，RSA 的安全性取决于对大整数 n 进行质因数进行分解的难度。

RSA 算法为公共网络上的加密和认证信息提供了一种基本的方法。该算法通常会生成一对 RSA 密钥，其中一个是私钥，由用户负责保管；另一个是公开密钥，可以在公共网络中共享，甚至可以注册到服务器上。

（二）椭圆曲线密码算法

1. 椭圆曲线密码概述

基于椭圆曲线数学的公钥加密方法被称为椭圆曲线密码学（Elliptic Curve Cryptography，ECC）。在某些情况下，ECC 相对于其他方法（如 RSA）具有更高的安全性水平，同时其所使用的密钥更小。另一项优势是 ECC 能够建立群与群之间的双线性映射，这些映射是基于 Weil 对或 Tate 对的理论。双线性映射已在密码学领域得到了广泛运用，基于身份的加密算法便是其典型案例。然而，它的缺点之一是在执行加密和解密操作时，其所需的时间比其他机制更长。椭圆曲线密码学的许多形式各不相同，所有的形式都依赖于被广泛承认的解决椭圆曲线离散对数问题的困难性上，并且对应有限域上椭圆曲线的群。

椭圆曲线是用三次方程来表示的，该方程与计算椭圆周长的方程相似，因而称为椭圆曲线。在 ECC 中，我们关心的是某种特殊形式的椭圆曲线，即定义在有限域上的椭圆曲线，椭圆曲线之所以受人们的欢迎，关键在于其提供了由“元素”和“组合规则”来组成群的构造方式，用这些群来构造密码算法具有完全相似的特性，且没有减少密码分析的分析量。

2. 椭圆曲线国际标准

椭圆曲线密码系统已经形成了若干国际标准，其涉及加密、签名、密钥管理等方面，包括：

（1）IEEE P1363：加密、签名、密钥协商机制。

（2）ANSI-X9：椭圆曲线数字签名算法，即椭圆曲线密钥协商和传输协议。

（3）ISO/IEC：椭圆曲线 EIGamal 体制签名。

（4）IETF：椭圆曲线 DH 密钥交换协议。

（5）ATM Forum：异步传输安全机制。

（6）FIPS 186-2：美国政府用于保证其电子商务活动中的机密性和完整性。

3. 椭圆曲线技术实现

ECC 技术的实现主要包括四个层面：运算、密码、接口、应用等层面。在系统中，运算层被认为是基础且至关重要的组成部分，而应用层是与用户最直接相关的网络协议层。

（1）运算层

在密码算法中，运算层的主要职责是执行所有必要的数论计算，例如大整数的加减乘除、取模、逆元及模幂。密码系统的整体效率在很大程度上受算法层的实现效率的影响。所以，开发运算层的编程任务是算法实现中至关重要、最为基础、最具挑战性的环节。

（2）密码层

密码层的核心功能在于其可在操作层的基础上挑选适当的密码技术，以确保密码算法的科学、准确和安全执行。密码层可以在同一个级别上应用多个密码体制。在密码学领域中，密码体制的选择、设计和使用是非常关键的。密码系统的安全性最终会受限于密码管理的可信度。在密码学领域，想要建立公钥密码系统，操作人员通常需要完成密钥对生成、加密、解密、签名以及验证签名等五个环节的工作。

（3）接口层

接口层的主要职能是为不同软硬件平台提供公钥密码功能的支持。它主要关注的是兼容各种硬件环境、操作系统、高级语言及多种应用需求。不过，接口层也有其所面临的挑战，主要表现为在确保应用程序在保持一致性、可移植性和可重用性的同时，如何最大限度地利用有限资源。

（4）应用层

用户所能触及的唯一层就是应用层。在该层，用户可以接触操作界面，运用各种应用功能。如网络、交易、数据库、文件、验证、签名、加解密都是应用功能的组成部分。而在操作界面上，用户可以接触到声音、图形、键盘、指纹及鼠标。

ECC 通常以其在 ECC 公钥密码功能领域的性能而著称，但其效率会受到多个方面的制约和影响。下面是在应用椭圆曲线密码（ECC）公钥密码功能时的效率比较。实现效率受到许多方面的限制和影响。以下是在实施椭圆曲线加密时需要考虑的与效率相关的因素。

① ECC 密码机制。任何密码学理论都必须在特定的密码系统中才能发挥作用，以完成加密和签名等任务。不同的密码机制可以应用相同的密码理论，但它们的性能特点可能会有所不同。如果我们把 ECC 技术运用到我们自主研发的密码系统中（这个系统需具备独立的知识产权），那么我们经过简化验证，可以证实这个系统在安全性方面能够与其他常见的密码系统相媲美，但在效率上，前者则更胜一筹。

② 安全前瞻性。在选择 ECC 参数时，我们不应只考虑速度，还应注重公钥系统的安全性。我们需要在理论和实践上确保有足够的余量空间，以应对未来密码分析技术的发展趋势并尽可能地消除潜在威胁。要想为 ECC 的安全性提供保障，就需要以牺牲一定效率为代价。

③ 应用环境。ECC 软硬件实现受应用环境的限制。其硬件环境必须具备空间紧凑、简单的指令集、高可靠性等特性，且相应成本要低；其软件环境应具备良好的跨平台性、易于迁移，并且便于维护和升级。所以，ECC 的实施在各种情境下都会面临不同的支持和限制，无论是在复杂或简单的情境下，或从高级编程语言到汇编语言，以及从系统级别到门电路设计，ECC 的性能表现都会随着应用场景的不同而变化。

④ 算法优化。一直以来，算法优化是提高效率的核心。改进 ECC 实现算法的方式涵盖如下三种：第一，重新整理和优化数学方程式的组合；第二，就软件实现而言，以编译系统的特点为基础，最大限度地发挥 CPU 指令集的作用；第三，就硬件实现而言，基于硬件资源的特性，对硬件实施进行优化。

第三节　密码技术的应用

网络安全系统的一个很重要方面是防止非法用户对系统的主动攻击，如伪造信息、篡改信息等。这种安全要求对实际网络系统的应用（如电子商务）是非常重要的。以下介绍的鉴别、数字签名、物联网认证与访问控制以及公钥基础设施等都是基于数据加密的应用技术。

一、鉴别技术

（一）基本概念

鉴别（authentication，也叫验证）是防止非法用户主动攻击的重要技术，鉴别的目的就是验证用户身份的合法性和用户间传输信息的完整性与真实性。

鉴别服务主要包括信息鉴别和身份验证两方面，信息鉴别和身份验证可采用数据加密技术、数字签名技术及其他相关技术来实现。

信息鉴别是为了确保数据的完整性和真实性，对信息的来源、时间性及目的地进行验证。信息鉴别过程通常涉及加密和密钥交换。加密可使用对称密钥加密、非对称密钥加密或两种加密方式的混合等方法。信息经验证后表明，它在发送期间没有经过篡改，发送者经验证后表明，他就是合法的发送者。

身份验证是验证进入网络系统者是否是合法用户，以防非法用户访问系统。身份验证的方式一般有用户口令验证、摘要算法验证、基于 PKI（公钥基础设施）的验证等。验证、授权和访问控制都与网络实体安全有关。

网络中的通信除需要进行消息的验证外，还需要建立一些规范的协议对数据来源的可靠性、通信实体的真实性加以认证，以防止欺骗、伪装等攻击。例如：A 和 B 是网络的两个用户，他们想通过网络先建立安全的共享密钥再进行保密通信，那么 A 如何确信自己正在和 B 通信而不是和 C 通信呢？这种通信方式为双向通信，因此此时的认证称为互相认证。类似地，对于单向通信来说，认证称为单向认证。

认证中心（Certificate Authority，CA）在网络通信认证技术中具有特殊的地位。比如说，电子商务中的认证中心旨在确保电子交易顺利进行，主要负责的是验证参与者的身份和信用度，以确保交易足够安全。CA 是一个受用户信任的第三方身份验证机构，通常情况下，其涵盖一个或多个组织实体。再比如，客户希望与商家进行沟通，因此他们会借助公共媒体获取商家的公开密钥。然而，他们可能会对商家的真实身份（信誉）是否被伪造产生疑惑，因此他们会请求认证中心对商家进行认证。在这种情况下，CA 将对商家进行审核和验证，然后向客户发送包含商家公钥的证书。同样，商家也可对持卡人进行验证，其过程为持卡人→商家；持卡人→CA；CA→商家。证书一般包含拥有者的标识名称和公钥，并且由 CA 进行数字签名。CA 的功能主要包括接收注册申请、处理、批准/拒绝请求和颁发证书。

（二）信息的验证

从概念层面看，对信息进行签名是利用专用密钥加密信息，而验证签名则是用对应的公开密钥解密信息，这是其基本操作原理。然而，仅仅靠这种方法也有一些不足之处。与一般密钥系统相比，公用密钥系统的速度较为缓慢。因此，在吸引力层面，使用公共密钥系统进行长消息加密以进行数字签名的优势并不高于利用该系统保护信息机密性。

一个可行的解决途径是采用另一种常用的密码学机制——信息摘要或散列函数。信息摘要算法能够生成固定长度的摘要，不受输入数据大小的影响，其主要特点是人们运用该机制，无法找到两个相同的摘要信息。也就是说，摘要通常比完整信息简短许多，但在很多情况下，它被认为与完整信息具有同等重要性。MD5 是最常见的信息摘要算法，其生成的摘要长度为 128 位。

运用信息摘要进行信息签名的具体流程为：

第一，用户生成摘要数据。

第二，发送者使用专门的密钥对消息摘要进行加密。

第三，对原始数据和加密后的数据进行汇总并发送到指定位置。

第四，接收方会使用相同的摘要算法对信息进行处理，以便生成它们自己的信息摘要。

第五，在目的地处解密所接收到的信息摘要。

第六，目的地会检查生成的信息摘要和包含信息的信息摘要以验证它们是否一致。如果一致，就表示信息文本与用户发送的信息文本相同，否则表示原始数据可能已经被改动。

这一过程还有另外一个长处，这个长处可取名为数字签名。持有私钥的用户具备生成加密消息摘要的能力。签名者的身份可以在任何可以获取公钥的地方被验证。这种技术能够被应用在流行的软件程序中，其作用是为包括 PGP 和 PEM 等格式在内的电子邮件提供加密保护服务。

（三）身份认证

身份认证这种程序本质上能够验证用户身份，通常在网络系统中使用。身份认证包括用户—主机身份认证、主机—主机身份认证。用户—主机身份认证可以基于用户提供的身份验证信息，如口令、密码等，以及用户拥有的物品，如印章，包括信用卡在内的智能卡。此外，用户的生物特征也是一种身份验证信息，它是指个体表现出来的独特身体特征，如声音、指纹、签名、书写风格、视网膜等。

在计算机网络中，所有信息和用户身份都以数字形式的数据加以呈现，计算机只能识别数字形式的用户身份，因此用户授权也必须依赖数字形式的身份信息。身份认证旨在验证数字身份操作者与其物理身份的对应关系，以确保操作者是数字身份的合法拥有者。身份认证在防护网络资产中扮演着至关重要的角色，可谓第一道防线。

在真实世界，对用户的身份认证的基本方法可以分为三种：

（1）根据所知道的信息来证明身份（what you know，你知道什么）。

（2）根据所拥有的东西来证明身份（what you have，你有什么）。

（3）直接根据独一无二的身份特征来证明身份（who are you，你是谁），如指纹、面貌等。

在网络环境下，人们通常会结合多种认证方式，以提高身份验证的安全性，这种做法被称为双因素认证。

在数字化时代，许多学者尝试利用电子化版本生物特征进行独特身份验证。不过，这种方法并不适合用于计算机的识别和判断，因为它成本高、准确度低、存储需求大且传输速度缓慢，只能被当作一种辅助工具。从宏观角度看，人们喜欢以设计安全可靠的身份验证协议为目标而采用公钥密码技术。

以前，人们经常会采用简单密码来验证用户身份，这些密码往往较短且一成不变，有规律可循，容易被泄露、破解，其安全性十分有限。目前，采用密码技术的交互式询答要求授权用户必须输入正确的密码才能成功通过验证。就当今社会而言，用于身份验证的技术涵盖 IC 卡、一次性口令、数字证书等，它们都采用了密码技术。

二、数字签名技术

（一）基本概念

数字签名，又称为公钥数字签名、电子签章，是只有信息的发送者才能产生的且别人无法伪造的一段数字串，这段数字串同时也是对信息的发送者发送信息真实性的一个有效证明。数字签名是一种类似写在纸上的普通的物理签名，但是它使用了公钥加密领域的技术，数字签名主要是用于鉴别数字信息的方法。

目前的数字签名大多是建立在公开密钥体制基础上的，这是公开密钥加密技术的另一种重要应用，如基于 RSA 的公开密钥加密标准 PKCS、数字签名算法 DSA、PGP 加密软件等。1994 年美国标准与技术协会公布了数字签名标准，从而使公钥加密技术得到了广泛应用。目前，RSA、DSS（数字签名标准）和 Hash 签名是使用范围相当广的数字签名算法。我们可以单独应用这三种算法中的任意一个，也可以对其联合运用，以达到更好的效果。数字签名是一种基于加密和解密过程的技术，无论是 RSA 算法还是 DES 算法，都可以实现数字签名。

RSA 以及其他公开密钥密码算法的主要优势在于用户不需要解决密钥共享问题。在网络规模庞大、用户众多的情况，这种优势对应的效果更为明显。公开密钥加密系统由一对密钥组成，其中一个会被公开，另一个保持私密。将公开密钥存放在系统文件夹、未经加密的电子邮件、电话簿或公共公告板上可使其供任何在线用户查看和获取。私有密钥是由用户独自持有并安全保管的，可用于解密使用公开密钥加密的信息，且它与公开密钥是相互匹配的。

一套数字签名通常有两种互补的运算，一个用于签名，另一个用于验证，数字签名是非对称密钥加密技术与数字摘要技术的应用，其机制需要实现以下四个目的。

（1）消息源认证：消息的接收者通过签名可以确信消息确实来自声明的发送者。

（2）不可伪造：签名应是独一无二的，其他人无法假冒和伪造。

（3）不可重用：签名是消息的一部分，不能被挪用到其他的文件上。

（4）不可抵赖：签名者事后不能否认自己签过的文件。

DSS 数字签名是一种由美国国家标准技术研究所和国家安全局合作研发

的技术。DSS 是经由美国政府所制订和推广的技术，因此它被广泛认为是一种签名系统。此外，美国政府抵制该加密软件，是因为美国政府认为这种软件会削弱政府的监控能力，并且认为使用该软件不符合美国的国家利益导向。所以，DSS 主要被那些与美国政府有业务往来的公司所采用，而很少有其他公司使用这种技术。

（二）单向散列函数

单向散列函数，又称为单向 Hash 函数、杂凑函数，就是把任意长的输入消息串变化成固定长的输出串且由输出串难以得到输入串的一种函数。这个输出串称为该消息的散列值，一般用于产生消息摘要、密钥加密等。

一个安全的单向散列函数应该满足的四个条件。

（1）输入长度是任意的。

（2）输出长度是固定的，根据目前的计算技术应至少取 128 bits 长，以便应对非法攻击。

（3）对每一个给定的输入，能快速计算输出即散列值。

（4）在特定散列函数下，碰撞事件并不经常发生，也就是说很少会出现两个不同的输入消息得到相同的散列值的情况。虽然找到两个具有相同值的消息是可能的，但是在不同的原始消息上产生相同值的可能性是极小的。

常见单向散列函数（Hash 函数）：

（1）MD5（Message-Digest Algorithm 5）：从本质上看，MD5 是一种单向散列算法，由 RSA 数据安全公司研发，可以将各种长度的数据块转换成 128 位的数据。

（2）SHA（Secure Hash Algorithm）：这种散列算法是较为新颖的，能够对数据进行运算并生成一个包含 160 位的固定长度数据。

（3）MAC（Message Authentication Code）：消息认证代码。MAC 是一种使用密钥进行单向加密的技术，旨在验证文件或消息的完整性，可被用于系统内部或用户间。举例而言，HMAC 是一种密钥散列函数，用于消息的认证。

（4）CRC（Cyclic Redundancy Check）：CRC 是一种可简单实现并具有强大检错能力的校验码，其使用范围覆盖各种数据校验。将 CRC 作为一种数据传输差错检测方式所消耗的资源十分有限，同时，我们可在软硬件结合的基础上对其加以实现（CRC 并非完全符合散列算法标准，但其功能类似散列算法，因此我们也可以将其认定为这种技术）。

（三）数字签名过程

数字签名技术涉及将经过加密处理的摘要信息与原始数据一起发送给信息接收方，以确保数据的完整性和真实性。信息接收者只能用发送者的公钥对加密的摘要信息进行解密，然后对接收到的原文应用 HASH 函数生成特定的摘要信息，然后将其与解密后的摘要信息进行比对。如果两者一致，则表示接收到的信息在传输过程中没有经过篡改；如果信息不一致，则表示信息已被篡改。这就表明，数字签名可用于辨别信息的完整性。

如图 4-3-1 所示，在发送消息之前，发送方会使用哈希（Hash）函数对消息内容进行处理，生成摘要，接着对该摘要进行加密，该过程会涉及私人密钥。在将报文发送给接收方之前，发送方需要将加密后的摘要附在报文后面一并发送。接收方使用相同的哈希函数对接收到的原始消息进行摘要计算，随后用发送方的公钥对数字签名进行解密。如果两个摘要匹配，接收方就可以确信该数字签名是由发送方创建的。

数字签名的主要作用之一是验证消息的完整性，因为签名不能被伪造以验证消息的来源。除此之外，我们通过数字签名还能够确认消息是否发生改动。这是由数字签名的特点决定的，即它可以验证文件的固定特点，因为一旦文件被更改，数字签名也会相应地发生变化。每个文件都会被分配一个独特的数字签名。数字签名需要使用哈希函数对要签名的数据进行摘要，然后使用发送者的私钥进行加密，接收者可以使用发送者的公钥来验证签名的有效性。

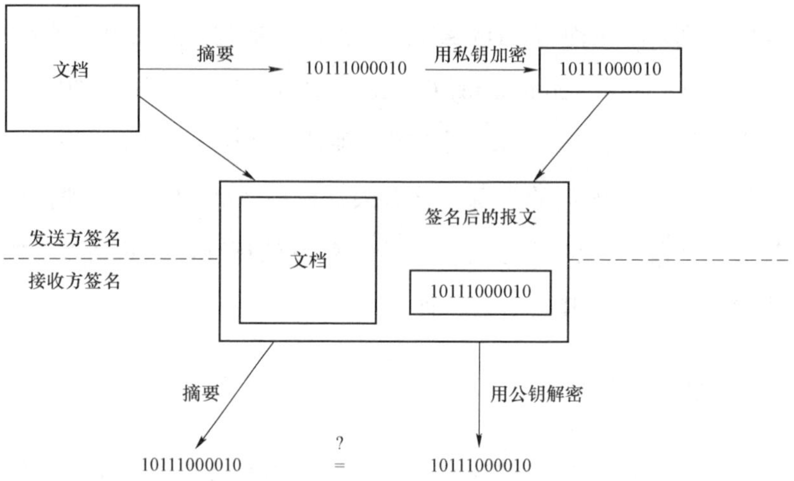

图 4-3-1　数字签名

（四）数字签名的原理特点

每个人都有两条“钥匙”（数字身份），其中一条钥匙只有她/他本人知道（密钥），另一条钥匙是公开的（公钥）。签名的时候用密钥，验证签名的时候用公钥。此外，注册必须由被信任的个人（即身份认证机构）完成。注册完成后，用户将收到一个数字证书，该证书由身份验证机构发出。完成文件签署后，身份验证机构会将数字证书与已签名文件一同发送给接收方。接收者可以通过向身份认证机构进行验证，确认文件是否确实由使用其私钥签名的个人签发而出。

1. 鉴权

通过公钥加密系统，发送者能够对信息进行加密，同时信息接收者可以借助数字签名对发送者的身份进行验证。从客观角度看，接收者无法100%确定发送者的确切身份，他们只能在密码系统尚未被破解前选择相信这一身份。

在财务数据中，鉴权的重要性十分重要。比如说，如果一家银行将来自其分支机构的指令传输到总部的管理系统，指令格式为（a，b），其中a代表账户号码，b代表账户当前的余额。在这种情况下，远程客户可以先支付100元，查看传输结果，然后连续发送带有（a，b）格式的指令。这就是重放攻击的具体流程。

2. 完整性

发送和接收数据的双方都希望确保消息在传输过程中没有被篡改。加密技术可以有效阻止未经授权的数据访问，但是在数据传输过程中，数据仍有可能遭受未经许可的篡改。同形攻击就是一个典型的案例，比如，假设一个银行从分行发送指令到中央系统，内容为（a，b），那么一个远程客户可以通过先存 100 元、截取传输数据、再发送（a，b3）的方式，变成百万富翁。

3. 不可抵赖

在加密情境下，“抵赖”意味着拒绝承认与信息相关的行为，也就是声明信息是来自其他人。接收方可以通过数字签名机制来有效降低未来抵赖行为的产生概率，这是由于他们可以借助签名来验证信息的来源，从而确保信息确实来自特定的发送方。

（五）数字签名与信息加密的区别

数字签名可以利用发件人的私钥对消息摘要进行加密，接收方可以使用发件人的公钥验证数字签名，这种方法可以让发件人的任何合作伙伴都能够辨别数字签名的真实性。

在密钥加密解密的流程中，发送方会利用接收方的公钥来对数据进行加密，而接收方则需要使用自己的私钥来解密这些数据。这种一对多的关系意味着任何持有接收方公钥的人都能向接收方发送加密消息，但只有接收方能解密。

三、物联网认证与访问控制

认证是一种验证过程，我们可以通过这种过程来向外界表明自己的身份确实如自己所言。网络认证一般包括身份验证和消息验证两种类型，前者能够确认双方的身份并建立安全通信，而后者则主要负责验证消息的真实性。

在物联网中，传感器网络的认证机制至关重要，相关人员需要对其进行深入探讨。无线传感器网络通常采用的身份验证技术包括轻量级的公钥验证、预先共享密钥验证、随机密钥分发验证、额外信息验证以及单向散列函数验证。

访问控制机制可以验证用户身份并管理其对资源的访问方式和权限操作。就当今社会而言，大多数信息系统普遍用的是以角色为基础的访问控制（Role Based Access Control，RBAC）和相关的衍生版本。RBAC 以 RBAC96 为基本模型，可以为用户分配角色，既能让用户扮演管理员角色，也能让其扮演普通用户角色。用户一旦登录系统，便可以根据其身份确定可访问的资源权限。用户访问控制是非常重要的，它可以帮助用户辨别角色是否能够在系统中执行特定的操作。

在物联网系统中，末端指的是感知网络，可以是一个感知节点，也可以是一个设备物体。用户角色的资源管理方法会遭受某些限制，其主要体现如下。

第一，在分布式网络环境中，基于角色的访问控制的适应性并不是始终保持稳定的，例如，在需要对具有时间限制的资源进行控制时，我们需要进一步探讨如何促使访问控制具备层次更为丰富的适应性特点。

第二，节点的操作不是由用户控制的，而是由各种传感器或其他设备控制的，这些设备种类相当丰富。由于角色类型并不能涵盖所有这些情况，因此对 RBAC 机制加以实施是具有挑战性的。

第三，物联网涉及信息感知、处理、决策和控制等方面的相互交互过程，其特点是实现物物之间的连接，并具备资源访问的动态性和分层性。在 RBAC 机制中，一旦用户被认定为扮演某一角色，他们可以访问的资源将被限制在特定范围内。因此，在物联网和互联网领域，探索研究新的访问管控方式具有显著意义。

近年来，人们对基于属性的访问控制（Attribute Based Access Control，ABAC）产生了浓厚兴趣。将用户的特征转变为属性，可以促使属性访问控制（ABAC）和角色访问控制（RBAC）同等对立，并且在此基础上，增加属性的难度并不大。此外，通过使用属性基础访问控制（ABAC）和基于属性的加密算法，可以确保数据安全。当处理较少属性的问题时，（ABAC）方法在加密和解密方面具备更高的效率；但是，当属性数量增加时，运用这种方法所生成的密文长度也会相应延伸，这可能会限制该算法在实际应用中的有效性。目前，该领域研究的重点主要是提高基于属性加密算法的效率，对密钥策略和密文策略进行探讨是这类研究的重要任务。

四、公钥基础设施——PKI

（一）PKI 概述

公钥基础设施（Public Key Infrastructure，PKI）是一种标准化的密钥管理系统，可以为不同网络应用提供加密、数字签名等安全服务，还可提供网络应用所需的密钥和证书管理功能。总体而言，PKI 是以公钥理论和技术为基础的框架设施，旨在为网络提供安全服务。PKI 技术在信息安全领域被广泛认为是至关重要的技术之一，同时它也是电子商务必不可少的基础和支撑。

PKI 的核心技术涵盖数字签名、加密、数字信封、数据完整性验证、双重数字认证等组成部分。PKI 是一种普遍适用的安全结构，它可以基于公钥技术和原则来为用户信息提供安全保障。基于公钥技术建立的安全基础设施都可以被视为 PKI，但想要提供全面的安全服务，PKI 需要良好的非对称算法和密钥管理。

就 X.509 标准而言，PKI 是一种基础设施，用于支持公开密钥管理并提供认证、加密、完整性和可追溯性服务，从而与权限管理基础设施（Privilege Management Infrastructure，PMI）进行区分。这强调了 PKI 不仅需要提供安全服务，还要支持公开密钥管理。换句话说，PKI 不仅指使用公钥技术，还包括管理公开密钥的过程。由于 PMI 仅使用公钥技术，没有牵涉公开密钥的管理，我们可以单独对其加以说明，以避免其与公钥证书等在概念上产生混乱。

（二）基本组成

确保 PKI 系统的完整性需要综合考虑认证机构（CA）、数字证书库、密钥备份和恢复系统、证书作废系统及应用接口（API）等关键要素。这五个系统在 PKI 技术中扮演着至关重要的角色，对于信息安全技术和电子商务而言是必不可少的重要部分。PKI 涵盖这几方面的基础技术：加密、数字签名、数据完整性机制、数字信封、双重数字签名。

（1）认证机构（CA）。即数字证书的申请签发机关，CA 必须具备权威性的特征。

（2）数字证书库。用于存储已签发的数字证书及公钥，用户可由此获得所需的其他用户的证书及公钥。

（3）密钥备份及恢复系统。在用户因为某些状况无法寻回解密数据的密钥时，他们无法对数据进行解密，甚至会陷入数据丢失的窘境。针对这种现象，PKI 系统可以为用户提供密钥备份和恢复的功能。需要注意的是，只有可靠的机构才能负责密钥的备份和恢复。此外，无论是密钥备份还是密钥恢复，都是以解密密钥为目标的，签名私钥不可备份，这样才能使其保持唯一性。

（4）证书作废系统。对于公钥基础设施（PKI），证书作废处理系统是必不可少的一部分。就像我们日常生活中所用的身份证一样，证书在有效期内也可能失效，如在密钥介质丢失或用户身份发生变更等情况下。所以，PKI 必须提供一系列机制来应对无效证书的问题。

（5）应用接口（API）。PKI 的优势体现为其可为用户提供便捷的加密服务、数字签名服务，且这些服务都具备一定的安全性。所以，一个完善的 PKI 应当包含有效的应用程序接口系统，以确保不同应用程序可以安全、可靠地与 PKI 进行交互，从而确保网络环境足够完整、足够完全，同时具备易用性特征。

一般情况下，在 PKI 系统中，CA 起着核心作用，是系统中必不可少的一部分，负责颁发证书。密码服务系统的核心在于高效管理密钥。公开密钥体系包含一对密钥，其中一个是私钥，另一个是公钥。用户应妥善保管私钥，不能使其泄露在网络空间内，但公钥则可与他人分享并通过网络传输。因此，公钥体制的密钥管理主要侧重于公钥的管理。就当今社会而言，数字证书机制被视为一种相对有效的解决方案。

（三）目标

PKI 是一种基于公钥密码学理论的体系结构，旨在为各种网络应用提供全面的安全保障。公开密钥密码系统利用非对称密钥的特点，实现了数字签名和开放验证的安全运转。然而，在使用这种先进技术时，PKI 存在难理解、难实施的问题。就好像要让电视制造商熟悉并且维护发电厂一样，确保每位应用程序开发者都能准确理解、有效地运用基于公开密钥密码的安全措施同样是具有挑战性的。PKI 的目标是创建一个专业设施，让开发网络应用系统的人员可以轻松地体验全面的安全保护服务，而不用处理复杂的密码技术问题。

通过将 PKI 在网络信息空间中的作用比喻为电力在工业社会中的基础设施所发挥的至关重要的作用，我们能够更深入地认识 PKI 的重要性。电力基础设施能够确保用户可以通过标准插座获取电力，而 PKI 能够提高用户本地接口的安全性，进而为各种应用提供安全服务。基于 PKI，开发安全应用程序的人员可以轻松地使用标准接口，而不必去探究复杂的数学计算和模型。举例来说，制造电冰箱的人只需要确保电冰箱符合相应的电力接口标准，这样用户就能够顺利地将电冰箱连接到电力基础设施，获取所需的能源。对于电冰箱制造者而言，在上述过程中，他们不需要具体了解发电机是如何工作和构造的。

我们可以将 PKI 用作基础设施，其显著特征是将 PKI 和应用程序分离。就像电力系统和电器设备之间的互动一样，将网络应用和安全基础设施分开将有助于网络应用的快速发展，还能在很大程度上促进安全基础设施的发展。由于 PKI 在许多方面与其他应用程序不同，我们可以视其为基础设施。PKI 需要独立发展，而不应依赖其他安全应用程序。就像将网络应用与公钥基础设施分开一样，我们可以把 PKI 的发展看作是网络行业专业化逐渐成熟的体现，这种专业化可代表网络应用发展中的一个重要里程碑。

（四）内容

PKI 是一种基于公开密钥密码学的系统，其关键功能在于对密钥的所有者进行验证，即实现密钥认证的功能。PKI 可以基于数字证书来验证公钥的有效性。PKI 的核心技术主要涉及数字证书的全生命周期管理，涵盖创建、颁发、应用和撤销等环节。撤销证书是一个被经常忽视但至关重要的步骤，合格的 PKI 系统必然能够提供这项服务。

学习 PKI 技术时，我们需要重点关注数字证书、数字证书颁发机构、证书持有者和使用者，以及证书颁发机构、证书存储和检索系统、证书状态查询系统、证书验证服务等关键组成部分，这些都是组成强大基础设施的关键要素。

在建立基础设施时，确保不同 PKI 管理域之间的互联是十分关键的。PKI 域之间的互联是构建一个大范围的网络应用的重要步骤，在这个过程中，优化互联是核心任务。关于 PKI 的发展研究，其重点在于保障在 PKI 的关键设备之间、PKI 终端用户之间，以及网络应用与 PKI 系统之间的互操作性及相关接口技术。

（五）优势

从实质层面看，PKI 是一项安全技术，已经被广泛应用于网络的各个领域。由此，我们可以认为 PKI 在技术方面具有显著的竞争优势和持久的发展潜力。PKI 的核心原理是依靠公钥密码技术，无论用户对其具体原理是否了解，PKI 都可以为数字签名在网络中的应用提供、安全保障。为了更进一步地发挥非对称密码技术的优势，数字证书应运而生，并在 PKI 中扮演着非常重要的角色。

PKI 的优势主要表现在：

（1）利用公开密码技术生成数字签名，可创建一种公开验证且不可篡改的签名，因此 PKI 在需要提供可溯源服务时具有独特优势，这种服务的可追溯性为原始数据的完整性提供了更为稳定的保障。支持透明验证，并允许第三方进行核实，可以更有效地保护弱势群体，有助于提高网络系统信息和操作的可追溯性，从而使得网络系统更加公平。

（2）由于密码技术的应用，PKI 在维护信息的保密性方面具有显著优势。我们可以利用 PKI 在双方已明确对方身份的情况下提供保密通信，同时也可以有效支持双方身份未知的通信。

（3）用户可以独立验证数字证书，不需要在线检索。这意味着从原理层面看，数字证书的服务范围可以无限扩大，因此 PKI 可以被视为能够为大量用户群体提供基础构架的工具。PKI 使用数字证书来提供服务，这表示验证终端实体的密钥是第三方颁发的证书进行验证的，它不是由在线查询或在线分发而来。运用这种密钥管理方法，我们可以不再受限于在线安全验证服务。

（4）利用 PKI 的证书撤销机制，用户可以在不同的安全环境下获得额外保护，避免受到特定应用的限制，从而增强用户的信任感。除此之外，由于存在撤销技术，无论是固定身份还是角色多变的个体，都可以放心地使用 PKI 服务，并且不必担心身份或角色遭遇永久废止或承担他人恶意盗用的风险。在良好的工程设计中，提供“修正错误”及“后悔”的途径是至关重要的。

（5）PKI 具有极强的互联能力。不论是上下级的领导关系，还是平等的第三方信任关系，PKI 都能按照人类世界的信任方式进行多种形式的互联互通，从而使 PKI 能很好地服务于符合人类习惯的大型网络信息系统。结合 PKI 中各种互联技术，我们可以建立一个复杂的网络信任框架。PKI 技术的互联应用程序能够有效解决网络环境中信任感不足的问题，运用该技术，我们能够获得一定的技术保障。

第四节　常用安全协议

一、Kerberos 协议

Kerberos 协议本质上是一种网络通信身份验证服务，该协议可以通过验证密钥来确认客户端或服务器的身份。和传统的认证协议不同，Kerberos 协议独具特色之处在于它可以在缺乏物理安全设施的情况下，对数据库的自由访问和修改进行认证。所以，这一协议已被广泛运用于第三方认证服务，位于 UDP 和 TCP 的上层，在 TCP/IP 协议栈中与 HTTP 并列。在进行详细验证时，该协议采用数据加密算法进行验证。用户设备首先需要发送请求，并获取服务器的证书文件。如果服务器能够正确识别用户密钥，则认证成功。这份证书文件可以用来加密和验证通信，以确保通信内容的机密性。现在，许多服务器正在采用 Kerberos 协议进行加密通信，为网络的安全性提供保障。需要强调的是，在系统中，该协议能够保障信息传输的机密性，还能使数据只能通过特定身份验证方式访问。Kerberos 协议有助于用户抵挡未经授权的访问和监视。不过，尽管该协议可提供高级别的安全性，并且能够对各种服务进行单独认证，但它无法验证用户的实际地址，因此也就无法确认用户的真实身份。当存在大量密钥时，运用该协议的认证服务器在性能层面将会面临较大压力。

二、SET 协议

SET 是 Secure Electronic Transaction 的简写，我们也可以称之为安全电子交易协议。随着电子支付的广泛普及，这种安全协议的适用范围越来越广，并被广泛应用于 B2C 等网站，以协调用户、商户和银行之间的关系。经过长时间的使用，该标准已被确立为国际通行标准，在网络信用卡交易领域已被广泛应用。SET 协议位于 HTTP 协议的顶层。在实际的在线交易中，用户和商家之间利用网络进行互动，其数字虚拟化特征十分明显。商家通常期望用户在订单确认后分享更多、更准确的信息，而用户可能想保留一些私密账户数据。二者之间缺乏信任和了解，常导致矛盾和欺诈等情况出现。通过使用 SET 协议，商家和用户可以有效地解决这一问题，该协议能够提供双重认证功能，确保商家无法获取用户的信用卡等敏感信息。SET 协议要求每个参与者先部署证书来验证身份，具备高水平的安全性，能够降低线上交易行为的欺诈风险。然而，由于这种协议的算法复杂且实施成本较高，商家和用户在使用前，需要解决技术、性能等方面的问题，还需安装特定的插件和软件。

三、SSL 协议

SSL 协议是一种由网景公司设计的安全协议，用于保证网络数据的安全传输，它最初以增强浏览器的安全性为目标而被开发出来。这种协议通过数据加密技术，可以有效保障数据在传输过程中不会被未经授权的人访问。所以，目前该协议得到了 Web 浏览器的支持。SSL 协议位于 TCP 和 HTTP 之间，它可以根据需要在 TCP/IP 协议栈中灵活选择多种加密算法来进行验证。SSL 协议通过双向身份验证来保证连接的安全性。第一步，服务器将身份验证数据发送给客户端，客户端利用这些数据生成一个密钥，然后对服务器进行验证；第二步，服务器向客户端发出请求，并在得到客户的回复后进行相互验证。SSL 协议已经被广泛用于各种涉及 Web 通信的场合，其作用是确保网络安全。设置简单、成本低廉、无需额外插件或软件是这种协议的优点。需要注意的是，SSL 仅保障数据传输的安全。

四、SHTTP 协议

SHTTP，全称 Secure HyperText Transfer Protocol，我们可以称其为安全超文本传输协议。这种新型网络安全协议能够在保持协议兼容性的同时提高网络传输的安全性。它在 HTTP 的基础上增加了多种安全功能，能够解决用户的各种问题。SHTTP 协议和 HTTP 所处的协议层是相同的。SHTTP 通过采用多种加密算法，如 RSA 和 DES 等，能够确保数据的安全。它通常与 SSL 协议一起被人们所使用，以确保数据传输的安全性。此外，它还可以与 SET 协议等其他协议配合，以提供更多功能上的保护。然而，虽然 SHTTP 协议安全性较高，但由于其实现难度较大，就目前而言，其应用范围是较为有限的。

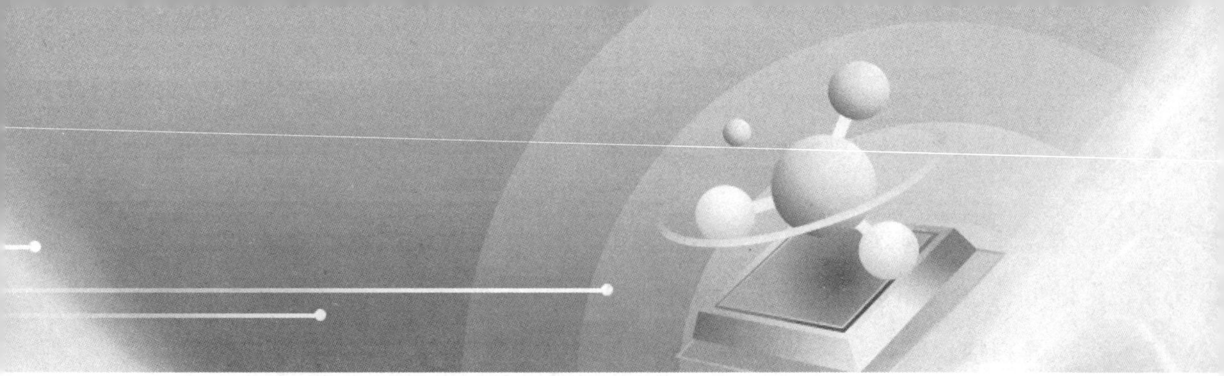

第五章　物联网各层安全技术分析

本章为物联网各层安全技术分析，介绍了物联网感知层安全技术分析、物联网网络层安全技术分析、物联网应用层安全技术分析三个方面的内容，让读者对物联网各层的安全技术有了初步认识。

第一节　物联网感知层安全技术分析

物联网感知层设备主要用于信息采集和目标检测等领域，通常部署在极端的网络环境中，如水下、战场、野外等，使设备的管理和维护都非常困难，一旦有感知层设备被攻击者捕获并破解，则管理人员很难发现，因此需要增强感知层设备自身的物理安全防护技术。结合物联网的安全架构来分析感知层、传输层、处理层及应用层的安全威胁与需求，不仅有助于选取、研发适合物联网的安全技术，更有助于系统地建设完整的物联网安全体系。

一、感知层安全概述

（一）感知层的安全地位

“感知层的任务是实现全面感知外界信息的功能，包括原始信息的采集、捕获和物体识别”[①]。感知层内含 RFID 装置、各类传感器（如温度、湿度、红外、超声、速度等）、图像捕捉装置（摄像头）、全球定位系统（GPS）、激光扫描仪等，其涉及的关键技术包括传感器、RFID、自组网络、短距离无线通信、低功耗路由等。这些设备能够接收相关的信息并传输给人们使用，如公路上的摄像头能够收集道路上的视频和图像传输给交通监控，导航仪通过交通监控收集到的信息可以帮助人们了解当前位置及要去目的地的路线，同时还可以帮助人们导航终点路线；手机或者电脑上的摄像头可以帮助人们实现在网络上面对面聊天；以 RFID 作为主要技术设计的汽车无钥匙系统，可以自由开关门，甚至免去开车用钥匙的麻烦，也可以了解汽车的安全状态等。但是，各种方便的感知系统给人们的生活带来便利的同时，也存在各种安全和隐私问题。特别是近年来，黑客利用个人计算机连接的摄像头泄露用户隐私的事件层出不穷。另外，在物联网应用中，多种类型的感知信息可能会被同时处理、综合利用，甚至不同感应信息的结果将影响其他控制调节行为，如湿度的感应结果可能会影响到温度或光照控制的调节。同时，物联网应用强调的是信息共享，这是物联网区别于传感网的最大特点之一，如交通监控录像信息可能同时被用于公安侦破、城市改造规划设计、城市环境监测等。于是，如何处理这些感知信息将直接影响信息的有效应用。为了使同样的信息在不同的应用领域有效使用，就需要有一个综合处理平台，即利用物联网的应用层来综合处理这些感知信息。

相对互联网来说，物联网感知层的安全是新事物，是物联网安全的重点，需要重点关注。目前，物联网感知层主要由 RFID 系统和传感器网络组成。另外，嵌入各种传感器功能的智能移动终端也已成为物联网感知层的重要感知设备，同样面临着很多安全问题。

① 申时凯，佘玉梅. 物联网的安全技术研究［M］. 北京：中国原子能出版社，2019.

（二）感知层的安全威胁

感知层的任务是全面感知外界信息。与传统的无线网络相比，由于感知层具有资源受限、拓扑动态变化、网络环境复杂、以数据为中心及与应用联系密切等特点，使其更容易受到威胁和攻击，因此物联网感知层遇到的安全问题包括以下四个方面。

1. 末端节点安全威胁

物联网感知层的末端节点包括传感器节点、RFID 标签、移动通信终端、摄像头等。末端节点一般较为脆弱，其原因有三点：一是末端节点自身防护能力有限，容易遭受拒绝服务攻击；二是节点可能处于恶劣环境、无人值守的地方；三是节点随机动态分布，上层网络难以获得节点的位置信息和拓扑信息。根据末端节点的特点它的安全威胁主要包括：物理破坏导致节点损坏；非授权读取节点信息；假冒感知节点；节点的自私性威胁；木马、病毒、垃圾信息的攻击及与用户身份有关的信息泄露。

2. 传输威胁

物联网需要防止任何有机密信息交换的通信被窃听，另外储存在节点上的关键数据未经授权也应该禁止访问。传输信息主要面临的威胁有中断、拦截、篡改和伪造。

3. 拒绝服务

拒绝服务主要是故意攻击网络协议实现的缺陷，或直接通过野蛮手段耗尽被攻击对象的资源，目的是让目标网络无法提供正常的服务或资源访问，使目标系统服务停止响应或崩溃，如试图中断、颠覆或毁坏网络，还包括硬件失败、软件漏洞、资源耗尽等，也包括恶意干扰网络中数据的传送或物理损坏传感器节点，消耗传感器节点能量。

4. 路由攻击

路由攻击是指通过发送伪造路由信息，干扰正常的路由过程。路由攻击有两种攻击手段，一种是通过伪造合法的但具有错误路由信息的路由控制包，在合法节点上产生错误的路由表项，从而增大网络传输开销，破坏合法路由数据，或将大量的流量导向其他节点以快速消耗节点能量。还有一种攻击手段是伪造具有非法包头字段的包，这种攻击通常和其他攻击合并使用。

二、RFID 安全分析

（一）RFID 安全威胁

由于 RFID 标签价格低廉、设备简单，安全措施很少，因此 RFID 面临的安全威胁更加严重。RFID 安全问题通常会出现在数据获取、数据传输、数据处理和数据存储等各个环节及标签、读写器、天线和计算机系统各个设备中。简单而言，RFID 的安全威胁主要包括隐私泄露和安全认证问题。RFID 系统所带来的安全威胁可分为主动攻击和被动攻击两大类。

1. 主动攻击

主动攻击是指攻击者主动发起对目标系统的攻击行为，以获取敏感信息、破坏系统正常运行或实现其他非法目的。在射频标签系统中，主动攻击更是屡见不鲜，其主要包括以下三类。

（1）获得射频标签实体。攻击者通过物理手段，如实验室环境中的精密操作，去除芯片封装，从而直接接触到射频标签内部的敏感元件。随后，利用微探针等专用工具，攻击者能够捕获并分析标签在通信过程中产生的微弱信号。通过对这些信号进行深入的解析和处理，攻击者有可能重构射频标签的内部结构和功能，进而实现对标签的完全控制。这种攻击方式需要攻击者具备较高的专业知识和技能，这种攻击方式一旦成功，将给目标系统带来极大的安全威胁。

（2）通过软件手段对射频标签进行攻击。攻击者利用微处理器的通用接口，通过扫描射频标签和响应读写器的探寻，找出安全协议和加密算法存在的漏洞。一旦找到漏洞，攻击者便可以利用这些漏洞删除射频标签内容或篡改重写射频标签内容。这种攻击方式相对较为隐蔽，攻击者可以在不被他人察觉的情况下对标签进行篡改或删除操作，从而实现对目标系统的干扰和破坏。

（3）通过干扰广播、阻塞信道或其他手段构建异常的应用环境。攻击者利用各种技术手段，如发射干扰信号、占用通信信道等，使合法处理器在接收到错误的指令或数据后发生故障。这种攻击方式的目的通常是造成目标系统的拒绝服务，使得系统无法正常响应合法用户的请求，从而达到攻击者的非法目的。

2. 被动攻击

被动攻击主要包括以下两类。

（1）通过采用窃听技术，分析微处理器正常工作过程中产生的各种电磁特征，来获得射频标签和读写器之间或其他 RFID 通信设备之间的通信数据。

（2）通过读写器等窃听设备，跟踪商品流通动态，主动攻击和被动攻击都会使 RFID 应用系统面临巨大的安全风险。

（二）RFID 安全技术

在当今数字化社会中，RFID（无线射频识别）技术已经广泛应用于众多领域，如物流、零售、身份识别等。然而，随着 RFID 技术的普及，其面临的安全威胁也日益凸显。因此，在电子标签资源有限的情况下，为了实现 RFID 系统具有一定的安全强度，必须寻求创新的解决方案。RFID 系统的安全威胁主要体现在未经授权的读取、伪造和篡改等方面，这些威胁可能导致重要数据的泄漏、系统功能的紊乱甚至造成经济损失。为了应对这些威胁，RFID 系统需要在电子标签资源有限的情况下建立高效且安全的安全机制。在 RFID 系统的设计中，需要重点考虑低成本电子标签的资源限制因素。由于这些标签通常具有较小的存储容量和计算能力，难以在有限的资源条件下实现一些高强度的公钥加密机制和认证算法，这使得 RFID 系统的安全机制设计变得更具挑战性。为了克服这些挑战，国内外的研究人员已经进行了一系列关于低成本 RFID 安全技术的深入研究。

1. RFID 标签安全技术

RFID 的标签安全属于物理层安全，主要安全技术有主动干扰法、夹子标签、天线能量分析等。

2. 访问控制

为了确保只有经过授权的实体能够访问和处理 RFID 电子标签上的敏感信息，防止数据泄露，我们必须设立一套严谨且高效的访问控制措施。在设计和构建经济且高效的 RFID 系统安全解决方案时，我们必须充分考虑到电子标签的受限计算能力，以及 RFID 系统往往需要与其他网络或系统进行交互的复杂环境。近年来，随着 RFID 技术的广泛应用，其安全性和隐私性问题逐渐引起了人们的关注。学者们对 RFID 系统的安全漏洞进行了深入研究，并提出了多种解决方案。其中，一种常见的做法是在电子标签使用完毕后（如在结账过程中），立即对其进行注销操作，从而实现对标签访问的有效控制。然而，这种方法虽然简单易行，却未能充分利用 RFID 系统的优势，同时也可能给消费者带来不便。为了更有效地保护消费者的隐私，学者们提出了一种基于 RFID 干扰标签的隐私保护方法。这些干扰标签利用标签隔离技术，可以阻止读写器与所有或特定标签之间的通信。这些隔离技术包括树遍历协议、ALOHA 协议等多种方法。通过阻止标签模拟多个标签的功能，消费者可以选择性地中断读写器与特定厂商的产品或特定标识符子集之间的无线通信，从而避免个人信息的泄露。然而，尽管这些干扰标签能够在一定程度上保护消费者的隐私，但也可能导致信息滥用而出现拒绝服务攻击。为了解决这个问题，研究者们提出了一种检测和解决阻塞标签滥用的方法。该方法通过实时监测标签的通信状态，一旦发现异常行为，便立即采取相应的措施，以确保系统的正常运行。除了使用干扰标签外，研究者们还倡导使用多个标签假名来保护消费者的隐私。这种方法通过为每个标签分配多个假名，使得攻击者难以追踪到特定标签。只有当获得授权的实体能够将不同的标识符连接起来并验证其背后的身份时，才能确保数据的准确性和安全性。此外，为了进一步提高 RFID 系统的安全性，研究者们还提出了一种基于匿名电子产品代码（EPC）的隐私保护方案。在该方案中，电子标签会发送匿名的 EPC，以保护消费者的隐私。后端安全中心将通过安全加密通道将未加密的 EPC 发送给授权实体，授权实体将处理电子标签读取的信息，以便获取准确的电子标签数据。

3. 标签认证

在进行通信前，必须验证电子标签的合法身份，避免出现假冒和不当操作。目前，学者们提出了多种方法来应对电子标记资源有限的问题，其中包括一种轻量级的标签验证方案，并对该方案的性能进行了评估。这项协议是为了在保障性能和安全的前提下选择的折中方案，当攻击者具备充足计算资源和强大计算能力时，他们可以成功破解这个协议。研究人员对现有协议中的隐私问题进行了调查，并提出了一种更安全且更有效的认证协议，以保护消费者的隐私。这一协议采用了散列函数和随机数的方法，成功地阻止了重复攻击、欺诈攻击及行为跟踪等恶意攻击技术的实施。此外，该协议适用于在分布式数据库环境下的使用。研究者们提出了一种名为 LCAP 的认证协议，用以保护消费者隐私，由于该协议只需要进行两次散列运算，因此效率很高。这个协议的构建有助于确保信息的安全性，因为发送方只有在接收方进行了身份验证后才会传递标识符。另外，该方案通过每次会话更新标识符，可以确保位置隐私的安全性，同时也可以成功恢复丢失的消息，抵抗多种攻击。另外学术界提出了一种基于 AES 加密的简单认证和安全层协议，以解决目前大多数协议缺乏密码认证机制的问题，并对实施该协议所需的硬件规格进行了详细分析。由于电子标签的限制，协议选择了双向挑战—响应认证方式，并使用了 AES 加密算法。

4. 消息加密

在当前的 RFID 技术应用领域中，我们面临着一个亟待解决的问题：RFID 读写器与标签之间的无线通信普遍采用明文传输方式，没有进行任何形式的加密处理。这种通信方式使得黑客有机会截取并利用 RFID 电子标签上的信息，从而可能出现一系列的安全风险。针对这一挑战，国内外的学者们纷纷提出了多种解决方案，以应对 RFID 系统在保密性方面的挑战。为了加强 RFID 系统的保密性，专家们普遍认为，在安全认证过程中采用标准的对称加密算法是至关重要的。他们深入研究了目前 RFID 系统所面临的各种安全威胁和挑战，并提出了在认证过程中，消息加密算法需要符合的安全标准。这些标准涵盖了加密算法的强度、密钥管理的安全性以及数据完整性保护等多个方面，以确保 RFID 系统能够抵御各种潜在的攻击。同时，一些学者提出了加密和认证协议的实现方法，他们通过实验验证了当前的 RFID 基础设施和制造技术可以支持这种加密和验证协议。这不仅增强了 RFID 系统的保密性，还为 RFID 技术的广泛应用提供了更为坚实的基础。除了对称加密算法的应用外，一些外国学者还探讨了在 RFID 系统中采用通用重加密机制时涉及的隐私保护问题。通用重加密机制允许在不暴露原始数据的情况下对数据进行加密和解密，从而进一步提高了 RFID 系统的安全性。然而，由于 RFID 电子标签的内容无法做到绝对安全，因此攻击者仍有可能尝试篡改电子标签存储器中的数据。

三、传感器网络安全分析

根据国际电信联盟（ITU）的物联网报告，无线传感器网络是物联网的第二个关键技术。RFID 的主要功能是对物体进行识别，而传感器网络的主要功能是感知。无线传感器网络则是大范围多位置的感知。通俗地说，传感器是可以感知外部环境参数的小型计算节点，传感器网络是大量传感器节点构成的网络，用于不同地点、不同种类的参数的感知或数据的采集，无线传感器网络则是利用无线通信技术来传递感知的数据的网络。

（一）无线传感器网络防御机制

无线传感器网络（Wireless Sensor Networks，WSN）是集传感器技术、微机电系统技术、无线通信技术及分布式信息处理技术于一体的新型网络。随着科学技术的发展，信息的获取变得更加纷繁复杂，所有保存事物状态、过程和结果的物理量都可以用信息来描述。传感器的发明和应用，极大地提高了人类获取信息的能力。传感器信息获取从单一化到集成化、微型化，进而实现智能化、网络化，成为获取信息的一个重要手段。无线传感器网络在很多场合（如军事感知战场、环境监控、道路交通监控、勘探、医疗等）都承担着重要的作用。

通常无线传感器网络会被部署在不易控制、无人看守、边远、易于遭到恶劣环境破坏或恶意破坏和攻击的环境中，因而无线传感器网络的安全问题成为研究的热点。由于传感器节点本身具有计算能力和能量受限的特点，因此寻找轻量级（计算量小、能耗低）的适合于无线传感器网络特点的安全手段是研究所面临的主要挑战。

抵抗黑洞攻击可采用基于地理位置的路由协议。因为拓扑结构建立在局部信息和通信上，通信通过接收节点的实际位置自然地寻址，所以在别的位置成为黑洞就变得很困难了。

对于更多的攻击，通常采用加密和认证机制提供解决方案。例如，对于分簇节点的数据层层聚集，可使用同态加密、秘密共享的方法。对于节点定位安全，可采取门限密码学及容错计算的方法等。对攻击防御方法的小结如表 5-1-1 所示。

表 5-1-1　无线传感器网络攻击防御方法

网络层次	攻击方法	防御方法
物理层	阻塞攻击	扩频、优先级消息，区域映射、模式转换
	物理破坏	破坏感知、节点伪装和隐藏
数据链路层	耗尽攻击	设置竞争门限
	非公平竞争	使用短帧策略和非优先级策略
网络层	丢弃和贪婪攻击	冗余路径、探测机制
	汇聚节点攻击	加密和逐跳（Hop-to-hop）认证机制
	方向误导攻击	出口过滤、认证、监测机制
	黑洞攻击	认证、监测、冗余机制
传输层	破坏同步攻击	认证
	泛洪攻击	客户端谜题
应用层	感知数据的窃听篡改、重放、伪造	加密、消息鉴别，认证、安全路由，安全数据聚集、安全数据融合，安全定位、安全时间同步
	节点不合作	信任管理、入侵检测

（二）无线传感器网络安全技术

1. 拓扑控制技术

在无线传感器网络中，拓扑控制技术扮演着举足轻重的角色。这一技术的核心在于对网络中各个节点间的连接关系进行有效管理，以实现更高效、更稳定的数据传输。无线传感器网络中的节点通常具备无线通信能力，当两个节点能够直接进行通信时，它们之间便形成了一条拓扑边。这些拓扑边共同构成了网络的拓扑结构，决定了信息的流通路径和方式。

然而，如果不进行拓扑控制，所有节点将以最大功率进行无线发射，这将导致通信设备大量消耗节点有限的能源。随着能源的逐渐耗尽，节点的生存时间将大幅缩短，进而影响到整个网络的寿命。此外，由于无线传感器网络中的节点覆盖区域可能会出现重叠，因此信号干扰的问题也时常发生。这种干扰不仅会降低节点间的通信质量，还可能使整个网络的数据传输效率大打折扣。除了能源消耗和信号干扰外，网络拓扑的复杂性也是拓扑控制需要重点关注的问题。一旦网络拓扑被建立，将会产生大量的拓扑边，使得网络拓扑所包含的信息量变得非常大。这将导致路由计算的复杂性大幅度提升，消耗大量的计算资源。因此，如何有效地管理网络拓扑，降低其复杂性，提高路由计算的效率，也是拓扑控制研究的重要方向。针对以上问题，研究者们提出了多种拓扑控制方法。其中，利用计算几何技术来设计网络拓扑是一种常见的方法。这种方法通过特定的几何结构来构建网络拓扑，以满足特定属性的需要。例如，可以利用图论中的相关理论来优化网络拓扑结构，减少不必要的拓扑边和节点，降低网络的复杂性。同时，这种方法还可以结合网络的具体应用场景和需求，设计出更加高效、稳定的网络拓扑结构。另一种方法是概率分析方法。这种方法通过对节点按照特定的概率密度分布进行分析，计算出节点在拓扑网络中需要的最小传输功率和最少邻居数量。通过这种方法，可以在保证网络连通性的前提下，尽量减少节点的传输功率和邻居数量，从而延长节点的生存时间并降低网络的整体能耗。同时，这种方法还可以根据网络的实际运行情况进行动态调整，以适应不同的环境和需求。

2. MAC 协议

在传统的蜂窝网络中，基站起着关键的调度功能，负责协调整个网络的运行，管理各个调度节点之间的信道。由于无线传感器网络采用了多跳传输的无线通信方式，因此整个网络中的节点难以实现完全同步，这与蜂窝网络的单跳传输方式有明显区别。因此，在将传统的基于同步、单跳、静态的 MAC 协议应用于无线传感器网络时会面临诸多障碍，这为无线传感器网络中 MAC 协议的设计带来了新的挑战。与其他共享介质网络类似，媒体访问控制是确保无线传感器网络正常运行的关键因素。MAC 协议的主要目的是管理节点之间的数据传输，以避免发生冲突，保证通信的有效性和顺畅性。在设计高效的无线传感器网络 MAC 协议时，我们必须特别关注两个重要因素。一个是能源限制问题，这是因为网络中的传感器节点依赖电池供电，且很难替换电池。同时，我们也希望这些传感器节点的成本更低廉，可以一次性使用而非重复使用。因此，当前人们需要思考一个重要的问题是如何延长节点在网络上的活跃时间，这是设计 MAC 协议时需要考虑的关键因素。网络的大小、节点之间的距离以及连接方式的适当性也是一个重要因素。在无线传感器网络中，节点可能会因电量用尽而停止运行，同时还可能会有节点加入网络或者移动到其他区域。网络的拓扑结构不断变化，原因有很多。一个优秀的 MAC 协议应该能够灵活应对这些变化。此外，通常情况下，大部分 MAC 协议都会认为底层通信信道具有双向通信能力。然而，在无线传感器网络中，单向信道可能存在，这可能会严重影响 MAC 协议的性能。此外在设计 MAC 协议时，需要考虑网络的公平性、延迟、传输速率以及受限的带宽等方面。

3. 路由协议

无线传感器网络（WSN）具有一系列独特的属性，这些属性使得其通信方式与传统的网络和无线 Ad-Hoc 网络存在显著的不同。这种差异不仅体现在技术层面上，还涉及网络架构、通信协议和数据处理等方面，这对 WSN 路由协议的设计提出了巨大的挑战。首先，由于 WSN 中的节点数量众多，且分布广泛，因此很难为这些节点建立一种统一的地址机制。传统的基于 IP 地址的通信协议在 WSN 中难以应用，因为每个节点可能都需要一个独特的 IP 地址，这将导致地址空间的迅速耗尽。因此，WSN 需要采用一种更加灵活和可扩展的地址分配方案，以适应节点数量庞大且不断变化的特点。其次，与传统的通信网络不同，WSN 的应用通常需要将传感器数据发送到一个或几个中心汇聚点，这些汇聚点会对数据进行处理后再将其传送到控制中心。这就要求 WSN 路由协议必须能够高效地处理大量的数据流量，同时确保数据的准确性和实时性。此外，由于传感器节点的监测区域可能重叠，因此可能会出现大量重复的数据。为了解决这个问题，路由协议需要具有检测和清除重复数据的能力，以避免浪费宝贵的能源和带宽资源。最后，由于 WSN 中的传感器节点通常受到严格的能源限制，因此能源管理成为设计 WSN 路由协议时需要考虑的关键因素。为了延长网络的使用寿命，路由协议需要能够有效地管理节点的能源，以应对传输功率、能耗、处理能力和存储能力等方面的挑战。此外，由于 WSN 的应用场景多样且复杂，路由协议还需要能够适应不同的网络环境和任务需求，以提供可靠、高效的数据传输服务。

4. 数据融合

数据融合，是将来自不同传感器的信息进行综合分析的一种技术。它旨在将多个传感器的数据融合成一个统一、全面的视图，从而实现对目标状态、特征评估、态势分析及威胁评估等多方面的深入了解和精准估计。这种技术的出现，极大地提升了我们获取和处理信息的能力，为各种应用场景提供了有力的支持。数据融合的过程涉及多个环节。首先，来自不同传感器的数据需要进行预处理，包括数据清洗、格式转换和校准等步骤，以确保数据的准确性和一致性。其次，这些数据会利用融合算法进行综合分析。这些算法可以根据应用场景的不同，选择适当的融合策略，如加权平均、卡尔曼滤波、神经网络等，以充分利用各个传感器的优势，同时弥补各自的不足。

四、物联网终端系统安全

（一）嵌入式系统安全

一套完整的嵌入式系统，无疑是硬件和软件相辅相成的产物，其硬件层面更是精细地分为电路系统与芯片两大层级，共同构筑了坚固的技术基石。然而，在纷繁复杂的应用场景中，恶意攻击者往往窥视着其中的漏洞，试图从各个层面发起攻击，以达到窃取密码、篡改信息乃至破坏系统等非法企图。若嵌入式系统涉足诸如金融支付、付费娱乐、军事通信等具有高度安全敏感性的领域，这些潜在的攻击风险将尤为凸显，无疑会对嵌入式系统的安全性构成严重威胁。一旦受到攻击，不仅可能导致系统崩溃，更可能给广大用户带来难以估量的损失。

1. 嵌入式系统安全需求分析

在各个攻击层次上均存在一批非常典型的攻击手段，这些攻击手段针对嵌入式系统不同的设计层次展开攻击，威胁嵌入式系统的安全。下面将对嵌入式系统不同层次上的攻击分别予以介绍。

（1）软件层次的安全性分析

在软件层次上，嵌入式系统发挥着至关重要的作用，它承载着各类应用程序和驱动程序，为各类设备的稳定运行提供了坚实的保障。然而，正如任何复杂系统一样，嵌入式系统同样面临着来自网络空间的种种威胁。木马、蠕虫和病毒等恶意软件的攻击，已经成为嵌入式系统安全领域的一大挑战。这些恶意软件各具特色，其攻击方式和手段也各具千秋。病毒，以其强大的自我复制与传播能力著称，它们通过感染系统文件、网络共享等方式，悄无声息地潜入系统内部，破坏系统的正常运行。蠕虫则侧重于通过网络进行传播，它们利用系统中的漏洞，不断复制并传播至其他设备，消耗系统资源，甚至导致网络拥堵和瘫痪。而木马则更为狡猾，它们常常伪装成合法的程序或文件，通过用户的错误操作或恶意下载等方式潜入系统，悄悄窃取系统权限，实现对处理器的控制。从传播渠道来看，这些恶意软件都充分利用了通信网络进行扩散。随着互联网的普及和移动设备的广泛应用，恶意软件通过短信、彩信、电子邮件、社交网络等渠道，悄无声息地侵扰着嵌入式系统的安全。尤其是智能手机，由于其功能丰富、使用便捷，已经成为恶意软件攻击的主要区域。这些小巧而狡猾的恶意软件，常常利用用户对于安全意识的疏忽，通过 SMS 短信、软件下载等隐蔽手段侵入手机系统。它们潜伏在系统的各个角落，等待时机成熟便发起猛烈攻击。尽管这些恶意软件的代码规模较小，但其造成的破坏力却不容小觑。它们可能窃取用户的个人信息、破坏手机系统，甚至通过控制手机摄像头和麦克风等硬件，窥探用户的隐私。以 2005 年芬兰赫尔辛基世界田径锦标赛上暴发的手机病毒 Cabir 为例，它便是恶意软件攻击的典型代表。Cabir 病毒利用蓝牙技术，在参会人员之间迅速传播，感染了大量手机设备。这起事件不仅展示了恶意软件的强大传播能力，也提醒我们重点关注嵌入式系统安全。

（2）系统层次的安全性分析

在嵌入式设备的系统架构中，设计者需经过细致的规划与布局，将电容、电阻以及芯片等纷繁复杂的元器件准确无误地焊接至印刷电路板上，从而为嵌入式系统奠定坚实可靠的硬件基石。接下来，通过编写相应的程序代码，并将其巧妙嵌入至电路板上的非易失性存储器中，确保嵌入式系统能够稳定、高效地运行，从而构成一个完整且高效的系统。然而，在追求嵌入式系统性能与安全性的道路上，攻击者同样不遗余力。他们针对电路系统层面，精心策划了多种攻击手段，企图突破嵌入式系统的安全防线。这些攻击的核心思想在于，通过对嵌入式系统的电路板进行微妙的硬件改动，并结合特定的底层汇编代码，旨在欺骗处理器，窃取其中的敏感与机密信息。在众多攻击手段中，总线监听、总线篡改及存储器非法复制等几种攻击方式尤为引人关注。它们均能有效地对嵌入式系统构成安全威胁，成为设计者必须面对并予以防范的难题。因此，在构建嵌入式系统的过程中，设计者需时刻保持警惕，采取多种安全措施，确保系统免受攻击者的侵害。

（3）芯片层次的安全性分析

嵌入式系统芯片作为硬件实现的最底层，不仅有许多关键的功能，同时也担任着数据处理任务。然而，尽管这一层次在硬件架构中处于较低的位置，但针对芯片的硬件攻击仍然屡见不鲜。这些攻击的主要目标在于检测嵌入式系统中的安全漏洞，尤其是从芯片器件的角度出发，以期实现破解或篡改的目的。在硬件攻击中，根据实施方式的不同，芯片级攻击可被细分为入侵性和非入侵性两大类。入侵性攻击是一种直接且破坏性的手段，它要求攻击者首先解封芯片，并利用探针等精密设备直接干预芯片的电路。通过这种方法，攻击者能够深入了解芯片的内部工作原理，从而发现并利用其中的安全弱点。

在入侵性攻击手段中，硬件木马攻击尤为引人关注。硬件木马攻击是一种专门针对芯片级硬件的新兴攻击方式。它通过对芯片的电路结构进行逆向工程分析，寻找合适的切入点，然后在芯片制造过程中将含有恶意目的的硬件电路嵌入进去。这些恶意电路被称为“硬件木马”，它们能够在不被察觉的情况下，对系统的运行进行操控。硬件木马攻击涉及木马注入、监听触发及木马发作三个阶段。在木马注入阶段，攻击者需要对芯片的内部电路结构进行深入研究，以找到可以插入硬件木马的合适位置。然后，在芯片制造过程中，攻击者会利用代工厂的设备和技术，将硬件木马电路植入芯片中。这些木马电路通常设计得非常精巧，能够与正常功能电路完美融合，不易被察觉。在监听触发阶段，一旦芯片开始运行，恶意硬件电路会开始监听并截取特定信号。这些信号可能是芯片在运行时释放的物理信息，如电磁辐射、功耗变化等。通过监听这些信号，硬件木马能够感知到芯片的工作状态，并等待合适的时机发动攻击。在木马发作阶段，当满足特定信号条件时，硬件木马电路会被激活并执行攻击者设定的恶意行为。这些行为可能包括篡改数据、干扰通信或执行其他破坏性行为。通过执行这些攻击，硬件木马可以轻松地破坏嵌入式系统的正常运行，甚至可能导致整个系统的瘫痪。硬件木马攻击的成功与否在很大程度上取决于木马电路的设计和注入过程。攻击者需要精心设计硬件木马电路，使其能够在不破坏芯片正常功能的前提下实现恶意攻击的目的。同时，他们还需要掌握芯片制造的精确过程，以确保木马电路能够成功植入芯片中。

2. 嵌入式系统的安全架构

物联网的感知识别型终端系统通常是基于嵌入式系统的，这些系统以应用为中心，依赖计算机技术，并具备软硬件的定制性，满足功能、可靠性、成本、体积、功耗等方面的严格要求。嵌入式系统为物联网设备提供了高效、可靠的数据收集、处理和通信能力，使物联网设备能够相互连接并与互联网进行通信，从而实现智能化、自动化和远程控制。嵌入式系统的发展经历了无操作系统、简单操作系统、实时操作系统和面向互联网四个阶段。

下面结合嵌入式系统的结构，从硬件平台、操作系统和应用软件三个方面对嵌入式系统的安全性加以分析。

（1）硬件平台的安全性

嵌入式系统由于其多样化的体系结构和广泛的应用领域，确实可能面临来自各种攻击手段的风险。这些攻击可能存在于系统体系结构的各个部分，包括但不限于电磁泄漏攻击、侧信道攻击、物理环境干扰等。

对于可能发射各类电磁信号的嵌入式系统，攻击者可能会利用灵敏的测试设备进行探测、窃听甚至拆卸，从而提取数据，这种电磁泄漏攻击或侧信道攻击对于嵌入式系统的安全性构成了严重威胁。为了防止这类攻击，可以采取一些物理和技术上的措施，如降低系统信号的强度、增加物理保护（如使用胶水或电路和电线屏蔽）等。对于嵌入式存储元件或移动存储卡，其内部的数据也容易被窃取。为了防止数据泄露，需要采用加密技术来保护存储在其中的数据，并限制对存储元件的访问权限。

针对各类嵌入式信息传感器、探测器等低功耗敏感设备，攻击者可能会引入极端温度、电压偏移和时钟变化等物理环境干扰，从而强迫系统在设计参数范围之外工作，表现出异常性能，这种攻击可能会导致系统性能下降、数据丢失或系统崩溃等严重后果。为了防止这类攻击，需要提高嵌入式系统的鲁棒性，使其能够在更广泛的环境条件下正常工作。

（2）应用软件的安全性

应用软件的安全问题包括三个层面：应用软件应用层面的安全问题，如病毒、恶意代码攻击等；应用软件中间件的安全问题；应用软件系统层面（如网络协议栈）的安全问题，如数据窃听、源地址欺骗、源路由选择欺骗、鉴别攻击、TCP 序列号欺骗、拒绝服务攻击等。

3. 嵌入式系统安全的对策

通常嵌入式系统安全的对策可以根据安全对策所在位置分为四层。

（1）安全电路层

通过对传统的电路加入安全措施或改进设计，实现对涉及敏感信息的电子器件的保护。一些可以在该层采用的措施主要有：通过降低电磁辐射，加入随机信息等来降低非入侵攻击所能测量到的敏感数据特征；加入开关、电路等对攻击进行检测，如用开关检测电路物理封装是否被打开等。在关键应用，如工业控制中还可以使用容错硬件设计和可靠性电路设计。

（2）硬件安全架构层

该方法借鉴了可信平台模块（Trusted Platform Module，TPM）的思路。可采取的措施包括：加入部分硬件处理机制，支持加密算法甚至安全协议；使用分离的安全协议处理器模块，用来处理所有的敏感信息，使用分离的存储子系统（RAM、ROM、FLASH 等）作为安全存储区域，这种隔离可以限制只有可靠的系统部件才可以对安全存储区域进行存取。如果上述功能不能实现，可以利用存储保护机制（即通过总线监控硬件来区分对安全存储区域的存取是否合法）来实现，对经过总线的数据在进入总线前进行加密以防止总线窃听等。

（3）软件安全架构层

该层主要通过增强操作系统或虚拟机（如 Java 虚拟机）的安全性来增强系统安全。例如，微软的下一代安全计算基础（Next-Generation Secure Computing Base，NGSCB），通过与相应硬件（如 Intel LaGrande）协同工作提供如下增强机制：进程分离（Process Isolation），用来隔离应用程序，免受外来攻击；封闭存储（Sealed Storage），让应用程序安全地存储信息；安全路径（Secure Path），提供从用户输入到设备输出的安全通道；证书（Attestation），用来认证软/硬件的可信性。其他方法还有通过加强 Java 虚拟机的安全性，对非可靠的代码使其在受限制和监控的环境中运行（如沙盒 Sandbox）等。另外，该层还对应用层的安全处理提供必要的支持。例如，在操作系统之内或之上充分利用硬件安全架构的硬件处理能力，来优化和实现加密算法，并向上层提供统一的应用编程接口等。

（4）安全应用层

安全应用层作为信息安全领域的重要组成部分，通过充分利用下层提供的安全机制，为涉及敏感信息的安全应用程序提供坚实的保障，从而确保用户数据的安全与完整。安全应用层的设计与实施，不仅体现了软件安全架构的严谨性，还凸显了信息安全领域对保护用户数据隐私的重视。安全应用层在实际应用中的表现多样且复杂，可以是大型的、复杂的安全应用程序，如提供 SSL 安全通信协议的应用。这类应用通过加密技术，确保数据在传输过程中的安全，防止了中间人攻击和窃听行为，为用户的数据传输提供了强大的保障。此外，这类应用还可能包括身份认证、访问控制等安全机制，确保只有授权用户才能访问敏感信息。同时，安全应用层也可以是小型的、简单的应用程序，如仅用于查看敏感信息的小程序。尽管这类应用的功能相对单一，但在数据安全方面的要求同样严格。它们必须遵循软件安全架构层的结构和设计要求，采用相应的安全措施，确保敏感信息在存储、处理和展示过程中不被泄漏或篡改。

（二）智能手机系统安全

现在智能手机已成为人们的主要上网工具，因此移动互联网尤其是智能终端安全将是一个重要的安全课题。

智能手机系统安全主要涉及手机操作系统安全及手机病毒的防治。操作系统作为智能手机软件的平台，管理智能手机的软硬件资源，为应用软件提供各种必要的服务，而且市场上操作系统都有各自的优缺点，智能手机操作系统的比较必不可少。同样，智能手机系统也存在安全漏洞，而如何避免这些安全漏洞已成为研究、开发智能手机的一个热点。

1. 智能手机的安全性威胁

智能手机操作系统的安全问题，无疑是当今数字时代面临的一大挑战。随着科技的飞速发展，智能手机的功能日益强大，不仅承载着人们的通信需求，更成为日常生活中不可或缺的一部分。然而，这种高度的依赖也带来了诸多安全隐患，尤其是在接入语音及数据网络后，智能手机操作系统面临着前所未有的安全威胁。系统漏洞是智能手机操作系统面临的一大难题。由于操作系统的复杂性及不断更新迭代的特性，难免会出现一些设计或编码上的疏漏。这些漏洞一旦被黑客或恶意攻击者发现并利用，就有可能造成严重的后果，如个人信息泄露、账户被盗，甚至手机被远程控制等。因此，对于系统漏洞的及时修复和防范显得尤为重要。除了系统漏洞外，信息存储和传输的安全性也是智能手机操作系统需要关注的重要方面。智能手机中存储着大量的个人信息，如照片、视频、通讯录、密码等，这些信息一旦泄露或被非法获取，将对个人隐私和财产安全造成巨大威胁。同时，智能手机在接入网络时，数据传输的安全性也难以得到保障。

手机操作系统厂商在设计系统时已经对安全问题进行了充分考虑，并且借鉴了个人计算机领域的安全经验。在数据加密、通信协议及访问认证方式等方面，厂商们已经采取了众多增强安全性的措施，并且还在不断地进行改进和优化。首先，在数据加密方面，手机操作系统采用了先进的加密算法和加密技术，对用户的数据进行加密存储和传输。这确保了用户的个人信息、文件、图片等重要数据在存储和传输过程中的机密性和完整性，有效防止了数据被窃取、篡改或泄露。其次，在通信协议方面，手机操作系统厂商对通信协议进行了改进和优化，加强了通信过程中的安全性。例如，通过使用SSL/TLS 协议进行通信加密，确保数据在传输过程中的安全性；通过优化 QOS（服务质量）设置，确保关键数据的优先传输和高质量传输。此外，厂商们还通过技术统一性减少网络传输的复杂性，提高通信协议的高效性和适用性。在访问认证方式方面，手机操作系统也采取了多种措施来增强安全性。例如，通过指纹识别、面部识别、密码锁等身份验证方式，确保只有授权用户才能访问设备和应用程序。同时，厂商们还提供了应用锁、私密保险箱等功能，允许用户对特定应用或文件进行加密保护，防止他人未经授权而进行访问。

随着终端操作系统的多样化，手机病毒将呈现多样性的趋势。随着基于 Android 操作系统的智能手机的快速发展，基于此种操作系统的手机也日渐成为黑客攻击的目标。

手机病毒会利用手机操作系统的漏洞进行传播。手机病毒是以手机为感染对象，以通信网络（如移动通信网络、蓝牙、红外线）为传播媒介，通过发送短信、彩信、电子邮件、聊天工具、浏览网站、下载铃声、蓝牙等方式进行传播。

2. 安全手机操作系统的特征

安全的手机操作系统通常具有如下五种特征。

（1）身份验证

身份验证确保所有访问手机的用户身份真实可信。可以采用的身份认证方式有口令认证、智能卡认证、生物特征识别（如指纹识别）及实体认证机制等。

（2）最小特权

每个用户在通过身份验证后，只拥有恰好能完成其工作的权限，也就是将其拥有的权限最小化。

（3）安全审计

安全审计是对指定操作的错误尝试次数及相关安全事件进行记录、分析。

（4）安全域隔离

安全域隔离技术在现代信息系统安全领域中发挥着举足轻重的作用，它主要可以分为物理隔离和逻辑隔离两大类。这两种隔离方式各有其特点，并且在保护数据安全方面起到了不可替代的作用。物理隔离技术是指对移动终端中的物理存储空间进行划分，确保不同的存储空间分别用于存储不同的数据或代码。物理隔离的优势在于，即使某个存储区域受到攻击或破坏，其他区域的数据仍然可以保持完好，从而有效减少损失。逻辑隔离主要包括进程隔离和数据的分类存储。进程隔离意味着每个应用程序或进程在运行时都有其独立的内存空间和资源，它们之间不能直接访问彼此的数据和代码，这种隔离方式有助于防止恶意程序通过利用进程间的通信漏洞来窃取或篡改数据。

（5）可信连接

对于无线连接（如蓝牙、红外、WLAN 等），默认属性应设为“隐藏”或者“关闭”以防非法连接；在实际连接时，需要对所有请求连接进行身份认证。

第二节　物联网网络层安全技术分析

网络层是物联网的核心技术，它相当于人的神经中枢和大脑，主要以因特网、移动通信网、卫星网等为主。现在可用的网络包括互联网、广电网络、通信网络等，但在 M2M 应用大规模普及后，仍然需要解决新的业务模型对系统容量、服务质量的特别要求。另外，物联网管理中心、信息中心、云计算平台、专家系统等如何对海量信息进行智能处理，这些问题都亟待突破。

一、网络层安全概述

物联网网络层又称为传输层，该层的主要功能是完成数据与信息的传递，常见的接入技术包括有线接入及无线接入。有线接入技术已经十分成熟，并以其高稳定性被应用于日常生活中，而无线接入技术由于其低廉的部署价格及接入的便捷性在业界十分活跃。网络层也可以分为接入网、核心网及服务端系统（如云计算平台、信息网络中心、数据中心等）。网络层的核心网通常是 IPv6（IPv4）网络。网络层是物联网信息和数据的传输层，此外，网络层也具有信息存储查询、网络管理等功能。云计算平台作为海量感知数据的存储、分析平台，是物联网网络层的重要组成部分，也是应用层众多应用的基础。云计算技术的兴起为互联网用户提供了更为方便快捷的信息传递方式。总之，物联网技术中网络接入层的主要任务就是完成用户或者系统对感知层数据及信息的获取。

（一）网络层安全面临的威胁

TCP/IP 协议栈是计算机网络通信中至关重要的一环，它确保了数据的可靠传输与正确处理。其中，TCP 层以下的层级，我们通常称之为网络层或 IP 层，它在网络通信中发挥着至关重要的作用。网络层的核心功能是进行寻址和路由选择，在这一层，计算机或设备会根据自己的网络地址来识别和定位通信对象。这一过程通过一系列的协议和技术来完成，确保数据包能够准确地从源地址发送到目标地址。同时，网络层还负责选择最佳的路径来传输数据，以提高通信效率和减少网络拥堵。值得注意的是，网络层并不提供错误纠正和流控制的方法。这意味着，如果数据包在传输过程中出现错误或丢失，网络层本身并不会进行修复或重传。这些任务通常由更上层的协议，如 TCP 或 UDP 来完成。网络层的主要任务是确保数据包能够按照正确的路径到达目的地，而不对数据内容进行过多的干预。

IP 地址作为互联网中的核心概念，在 TCP/IP 网络中扮演着至关重要的角色。它是一个 32 位的地址，能够确保每一台主机都能在庞大的网络世界中拥有独一无二的身份标识。为了更好地理解 IP 地址及其相关概念，我们需要深入探讨 IP 地址的本质及 IP 报头的构成。IP 地址，即互联网协议地址，是分配给网络中的每个设备的一个数字标签。这个标签用于在传输层和数据链路层之间的网络层实现网络通信。在网络通信中，源主机和目标主机主要通过 IP 地址进行识别，从而确保数据能够准确地从一个主机传递到另一个主机。IP 报头是 IP 数据包的一部分，其大小为固定的 20 字节。报头中包含了一系列关键信息和控制字段，如 IP 的版本号、数据报的长度、服务类型等。其中，版本号用于标识 IP 协议的版本，数据报长度则用于指示 IP 数据包的总长度，服务类型字段则用于描述数据包的处理优先级和可靠性要求。IP 报头中还包括了源 IP 地址和目标 IP 地址，这两个地址分别用于标识数据包的发送方和接收方。在数据包传输过程中，路由器和其他网络设备会根据这些地址进行路由选择，确保数据包能够按照正确的路径到达目的地。值得注意的是，IP 层作为网络层的核心组成部分，其开放式的构造使得它成为黑客的潜在攻击目标。由于 IP 数据包在网络传输过程中可能会被各种设备处理，因此如果缺乏适当的安全措施，黑客可能会利用 IP 层的漏洞进行攻击，如 IP 欺骗、中间人攻击等。为了提高网络安全性能，我们需要在设计和部署网络系统时，充分考虑 IP 层的安全性问题。例如，可以采用加密技术来保护 IP 数据包的内容，防止数据在传输过程中被窃取或篡改。同时，还可以利用防火墙等安全设备来过滤和监控网络流量，进而能解决及时发现并阻止潜在的攻击行为。

1. IP 欺骗

黑客行为一直以来都是网络安全领域所密切关注的问题，其中，黑客们经常使用一种名为 IP 欺骗的技术，通过篡改源 IP 地址，让目标接收主机无法识别真实的发送方，从而达到非法访问或破坏系统的目的。这一技术涉及网络协议层面的深入操作，对网络安全构成了严重威胁。在 IP 欺骗技术中，黑客会将原始的数据包中的源 IP 地址替换成一个错误的 IP 地址。这样的做法主要是让接收主机无法判断源 IP 地址的真实性，进而导致正常的通信过程受到干扰或破坏。为了应对这种攻击，上层协议必须执行一系列的检查来确保数据的完整性和真实性，防止发生 IP 欺骗。除了 IP 欺骗之外，黑客还常常利用源路由 IP 数据包来实施攻击。源路由是一种特殊的传输方式，它允许数据包按照预定的路径进行传输。黑客会利用这种特性，通过修改数据包中的路由信息，使数据包能够绕过某些安全设备，如防火墙，从而进入目标系统。这种利用源路由进行攻击的手法，被称为源路由攻击。

2. ICMP 攻击

互联网控制信息协议（ICMP）主要是在 IP 层检查错误和其他条件。Tribal Flood Network 是一种利用 ICMP 的攻击，利用 ICMP 消耗带宽来有效地摧毁站点。另外，微软早期版本的 TCP/IP 堆栈有缺陷，黑客只需要发送一个特殊的 ICMP 包，就可以使之崩溃。

网络层安全性的核心优势在于其显著的透明性特质。这种透明性主要体现在安全服务的提供过程中，无需对应用程序、其他通信层次和网络部件进行任何形式的改动。这意味着网络层安全性能够以一种无缝的方式集成到现有的网络架构中，从而确保网络的安全性，同时不会对用户的使用体验和业务流程产生任何负面影响。然而，尽管网络层安全性具有诸多优点，但它也存在一些潜在的风险和挑战。其中一个主要的缺点是可能会利用 ICMP 中的 Redirect 消息来进行网络攻击，ICMP Redirect 消息是一种用于通知主机和路由器更改路由路径的消息。然而，如果攻击者能够伪造这些消息，他们就有可能欺骗主机和路由器，使它们使用一条假路径来进行通信。通过 TCP/IP 发出一个数据如同把一封信丢入信箱，发出者知道数据会达到接收方，但发出者不知道通过什么路线或何时到达，这种不确定性也是安全漏洞。

3. 端口结构的缺陷

端口是一个软件结构，被客户程序或服务进程用来发送和接收消息。一个端口对应于一个 16 位的数，并且 1024 个端口号已分配给专门的服务，用户应用程序可使用的端口号为 1024 到 64000。服务进程常使用一个固定的端口，并且这些端口号是广为人知的，这极大降低了端口的安全性。

（二）网络层安全技术和方法

1. 逻辑网络分段

逻辑网络分段是指将整个网络系统在网络层（即 ISO/OSI 模型中的第三层）上进行细分和隔离的过程，以实现更精细化的网络管理和控制。在网络层进行分段的过程中，管理员可以根据业务需求、安全性考虑或性能优化等因素，将网络划分为不同的逻辑区域或子网。每个子网内部具有相对独立的网络地址空间，而子网之间则通过路由器等设备进行通信。这种划分方式允许管理员对每个子网实施不同的安全策略、访问控制和流量管理，从而提高整个网络的灵活性和可控性。

2. VLAN 的实施

基于 MAC 的 VLAN 不能防止 MAC 的欺骗攻击，因此，VLAN 划分最好基于交换机端口。VLAN 的划分是为了保证系统的安全性，因此，可以按照系统的安全性来划分 VLAN。

3. 防火墙服务

防火墙技术是当今网络安全领域不可或缺的重要技术手段，其主要任务是在网络入口点处，对网络通信进行全面而细致的检查，以确保网络通信符合客户所设定的安全规则，从而在有效保护内部网络安全的前提下，提供畅通无阻的内外网络通信服务。防火墙在构建一个安全可靠的网络环境方面发挥着至关重要的作用，它守护着内部网络的安全，阻挡来自外部网络的潜在威胁。防火墙通常被安装在受保护的内部网络上，并接入互联网，从而在一个被认为是安全和可信的内部网络和一个被认为是不那么安全和可信的外部网络（通常是指 Internet）之间形成一个坚固的安全屏障。通过这一屏障，防火墙能够有效地识别并过滤掉那些可能对内部网络构成威胁的恶意通信和数据包，如病毒、木马、黑客攻击等，防火墙的基本类型有包过滤型防火墙、应用级防火墙和复合型防火墙。

4. 加密技术

在数字化时代，网络安全已经成为企业和个人无法忽视的重要议题。在网络数据的传输、存储和处理过程中，可能面临着来自各方面的安全威胁，如黑客攻击、病毒传播、数据泄露等。这些威胁不仅可能导致企业经济损失、声誉受损，还可能对个人隐私和国家安全构成严重威胁。因此，如何有效地保护网络数据的安全，已经成为我们迫切需要解决的问题，加密型网络安全技术正是在这样的背景下应运而生。它利用先进的加密算法和加密技术，将网络数据转化为一种无法被轻易破解的密文形式，从而确保数据在传输和存储过程中的保密性。同时，该技术还能够对网络数据的完整性进行校验，防止数据在传输过程中被篡改或破坏。此外，加密型网络安全技术还能够确保网络数据的可用性，即授权用户能够正常地访问和使用数据，而非法用户则无法获取或篡改数据。

5. 数字签名和认证技术

认证技术主要是通过一系列的技术手段，确保通信双方在信息交互过程中的身份真实可靠。这涉及密码学、网络安全、信息管理等众多领域的交叉融合，以确保信息在传输和接收的过程中不会被恶意篡改或窃取。在众多的认证技术中，数字签名技术以其独特的优势脱颖而出。

数字签名，是一种利用数字技术来模拟传统手写签名的过程。通过运用加密算法和公钥基础设施（PKI），数字签名可以确保信息在传输过程中的完整性和真实性，从而满足通信双方对身份认可的需求。

二、近距离无线接入安全——无线局域网的安全机制

（一）WEP 加密和认证机制

1. WEP 加密

在 IEEE 802.11 a-1999 年版本的协议中，规定了安全机制 WEP，WEP 提供 3 个方面的安全保护：数据机密性、数据完整性及认证机制。其中使用了 RC4 序列密码算法，用密钥作为种子，通过 RC4 算法产生伪随机密钥序列（PRKS），然后和明文数据进行异或操作后得到密文序列。WEP 协议加密流程如图 5-2-1 所示。

由于在序列密码算法中，同一伪随机密钥序列不能重复使用，因此 WEP 中将 RC4 的输入密钥 K 分为两部分：24 位的初始向量（Initialization Vector，Ⅳ）和 40 位的秘密密钥（SK），Ⅳ‖SK＝K，每加密一次Ⅳ需改变一次，Ⅳ以明文的形式随着密文数据帧一起发往接收方。SK 为 BSS 中各 STA 所共享

的秘密信息，通常由管理员手工配置和分发。另外，为了保证数据的完整性，WEP 中采用 CRC32 算法作为消息鉴别算法，并将数据的消息鉴别码 ICV 连同明文数据一起加密得到密文序列，然后发送给接收端。接收端解密密文序列，重新计算消息认证码 ICV，并和收到的 ICV 比较，若不相同则抛弃接收的密文序列。

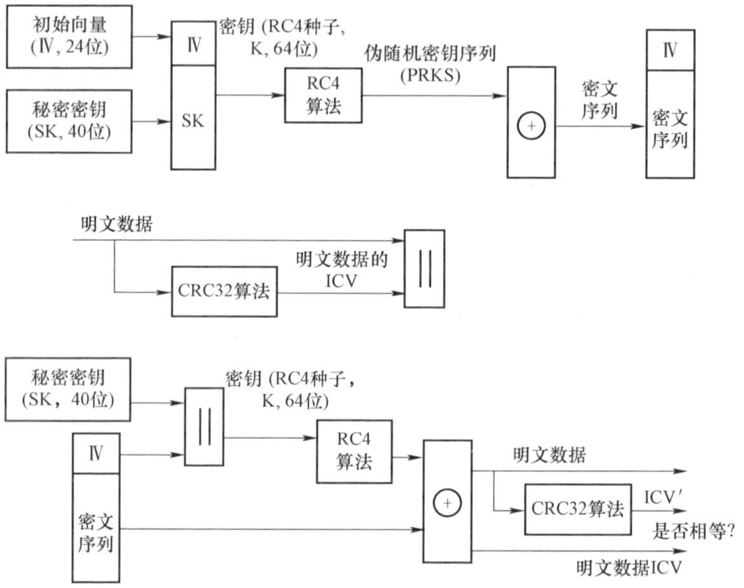

图 5-2-1　WEP 的加密和解密框图

WEP 协议希望能给用户提供与有线网络相等价的安全性。然而研究分析表明，WEP 机制存在较大安全漏洞。

（1）WEP 加密是 AP 的可选功能，尽管在大多数的实际产品中（如无线路由器）默认为关闭，但用户数据还是会暴露在攻击者面前。

（2）WEP 对 RC4 的使用方式不正确，就会受到Ⅳ弱点攻击，从而破解秘密密钥（SK）。RC4 中存在弱密钥。弱密钥是指 RC4 输入该密钥产生的输出伪随机性差，并且这些伪随机相差容易出现重复。当使用一个弱密钥作为种子输入到 RC4 时，RC4 输出的前面几位可以推断出其他位。因此，建议放弃 RC4 输出的前 256 位。

（3）WEP 中的 CRC32 算法原本用于检查通信中的随机误码，不具有抗恶意攻击所需要的消息鉴别功能。首先，CRC32 算法是一个线性函数，因此攻击者可以修改密文而不被发现。其次，由于 CRC32 算法是一个不需要密钥的函数，任何知道消息的人都可以自己计算 ICV。如果攻击者获得一个传输帧对应的明文，就可以在无线网络中传输任意的数据。方法如下：令加密消息为（M‖CRC（M））⊕PRKS，其中 M 为消息，PRKS 是一个伪随机密钥序列，由Ⅳ和密钥通过 RC4 算法计算得到。CRC（•）表示 CRC 函数，‖表示连接。CRC 关于 XOR 运算是线性的，即有 CRC（X⊕Y）=CRC（X）⊕CRC（Y）。于是在不知道 M 的情况下，攻击者可以修改或伪造消息。以消息的变化为ΔM 的情况为例，攻击者可以窃听（M‖CRC（M））⊕PRKS，在不知道 PRKS 的情况下，得到消息修改后的密文（（M⊕ΔM）‖CRC（M⊕AM））⊕PRKS。具体步骤是：首先计算 CRC（ΔM），然后将ΔM‖CRC（ΔM）与窃听的消息（（M‖CRC（M））⊕PRKS）进行异或操作。

因为 CRC（ΔM）的计算不需要密钥，且 CRC 是线性的，因而尽管有加密和 ICV 机制，攻击者也可以成功地修改消息，如图 5-2-2 所示。

$$
\begin{aligned}
&((M\|CRC(M))\oplus PRKS)\oplus(\Delta M\|CRC(\Delta M))\\
&=((M\oplus\Delta M)\|(CRC(M)\oplus CRC(\Delta M)))\oplus PRKS\\
&=((M\oplus\Delta M)\|CRC(M\oplus\Delta M))\oplus PRKS
\end{aligned}
$$

图 5-2-2　攻击者修改消息

2. WEP 认证机制

WEP（即 IEEE 802.11 中的安全机制）认证技术可用于独立基本服务集中的 STA 之间的认证，也可用于基本服务集中的 STA 和 AP 之间的认证。WEP 有两种认证方式：开放系统认证和共享密钥认证。开放系统认证方式实际上没有认证，仅验证标识，即只要 STA 和 AP 的 SSID 是一致的即可，这种验证方式是一种最简单的同时也是默认的验证方式。

共享密钥认证方式基于密码学安全协议中的“挑战—应答（Challenge-Response）”模式，其基础是基于对称密码学的两方单向认证协议，假定 AP 和 STA 间具有一个共享秘密（即共享密钥），并且是独立于 802.11 的安全通道密钥，协议过程如图 5-2-3 所示。

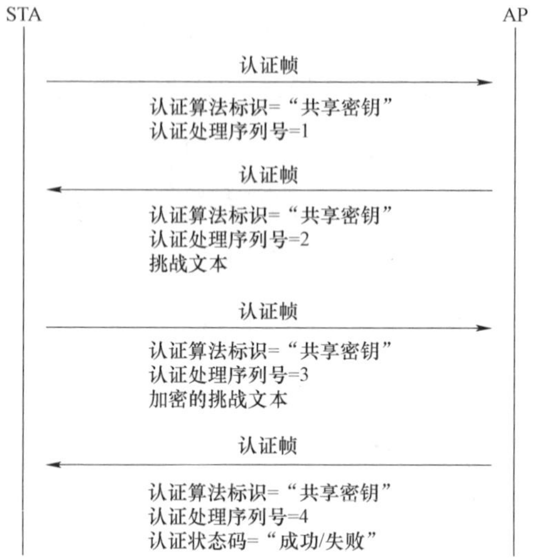

图 5-2-3　802.11 WER 共享密钥认证

（1）STA 发送认证帧。

（2）AP 收到后，返回一个认证帧，其帧体包括：认证算法标识 = "共享密钥"、认证处理序列号 = 2、认证状态码 = "成功"、认证算法依赖信息 = "挑战文本"。如果认证状态码是其他状态，则表明认证失败（如根据 MAC 地址访问控制列表认为 STA 的 MAC 地址是非法的），而挑战文本也将不会发送，整个认证过程就此结束。

（3）如果第（2）步中的状态码 = "成功"，则 STA 将从该帧中获得挑战文本并用共享密钥将其加密，然后发送一个认证帧。其主体包括：认证算法标识 = "共享密钥"、认证处理序列号 = 3、认证算法依赖信息 = "加密的挑战文本"。

（4）AP 在接收到第三个帧后，使用共享密钥对加密的挑战文本解密，若和自己发送的文本相同，则对 STA 的认证成功，否则认证失败。同时 AP 发送一个认证帧，其帧体包括：认证算法标识 = "共享密钥"、认证处理序列号 = 4、认证状态码 = "成功/失败"。

（二）WAPI 协议

WAPI 由 WAI 认证基础结构和 WPI 隐私基础结构两部分组成，WAI 和

WPI 分别实现对用户身份的鉴别和对传输的数据加密。

WAI 认证结构采用公开密钥密码体制，利用数字证书（独立设计的数据结构、不兼容 X.509 证书格式）来对 WLAN 系统中的 STA 和 AP 进行认证。WAI 定义了一种名为 ASU（Authentication service unit，认证服务单元）的实体，用于管理参与信息交换各方所需要的证书（包括证书的产生、颁发、吊销和更新），相当于 PKI 中的 CA 的角色。通常 ASU 的物理形态为认证服务器（Authentication Server，AS），AS 逻辑上包含了 ASU 的功能。证书里包含有证书持有者的标识、公钥和证书颁发者（ASU）的签名（这里的签名采用的是国家商用密码管理办公室颁布的椭圆曲线数字签名算法）。

整个系统由移动终端（STA）、接入点（AP）和认证服务器（AS）组成，其中 AS 含有 ASU 可信第三方，用于管理消息交换中所需要的数字证书。AP 提供 STA 连接到 AS 的端口（即非受控端口），确保只有通过认证的 STA 才能使用 AP 提供的数据端口（即受控端口）访问网络。

WAPI 整个过程由证书鉴别、单播密钥协商和组播密钥通告（合称密钥协商阶段）3 部分组成，如图 5-2-4 所示。

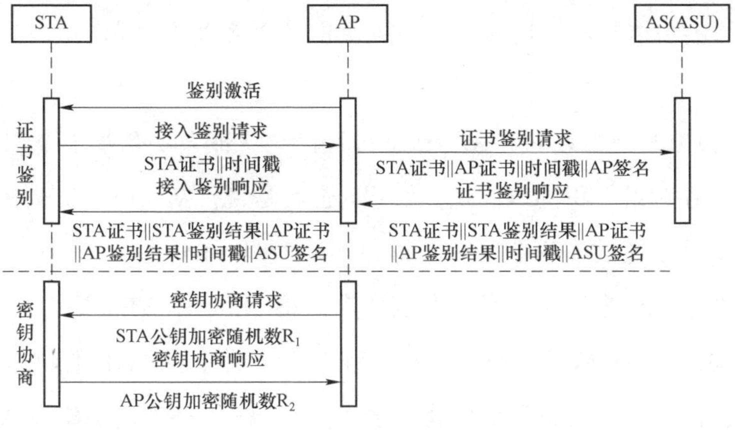

图 5-2-4 WAPI 的接入认证与密钥协商过程

下面将 AS 和 ASU 等同对待来介绍具体过程。

1. 证书鉴别过程

（1）鉴别激活。当 STA 关联至 AP 时，由 AP 向 STA 发送鉴别激活以启动整个鉴别过程。

（2）接入鉴别请求。STA 向 AP 发出接入鉴别请求，也就是将 STA 证书与 STA 当前系统时间一同发送给 AP。

（3）证书鉴别请求。AP 收到 STA 接入鉴别请求后，首先记录鉴别请求时间，然后向 AS 发出证书鉴别请求，也就是将 STA 证书、接入鉴别请求时间、AP 证书，以及 AP 的私钥对它们的签名，组成证书鉴别请求发送给 AS。

（4）证书鉴别响应。AS 收到 AP 的证书鉴别请求后，验证 AP 的签名和 AP 证书的有效性，若不正确，则鉴别过程失败，否则进一步验证 STA 证书，验证完毕后，AS 将 STA 证书和 STA 证书鉴别结果、AP 证书和 AP 证书鉴别结果，以及 ASU 对它们的签名，组成证书鉴别响应发回给 AP。

（5）接入鉴别响应。AP 验证 AS 返回的证书鉴别响应的签名，得到 STA 证书的鉴别结果，根据此结果对 STA 进行接入控制，从而完成了对 STA 的认证。AP 将收到的证书鉴别响应回送至 STA。STA 验证 ASU 的签名后，得到 AP 证书的鉴别结果，根据该鉴别结果决定是否接入该 AP，从而完成对 AP 的认证。

至此 STA 与 AP 之间完成了认证过程。该认证方法是基于公钥密码学在可信第三方存在条件下的双向认证协议。也就是说，WAPI 中 STA 和 AP 的双向认证其实是指通过了可信第三方 AS 的认证：当 STA 关联 AP 时，AP 和 STA 的证书都要被 AS 来鉴别。只有鉴别成功，AP 才允许 STA 接入，同时 STA 也才允许通过该 AP 收发数据。这种认证对于采用“假”AP 的攻击方式具有很强的抵御能力。这种认证其实也实现了实现 AS 与 STA、AS 与 AP 的双向认证（严格意义上讲，WAPI 中的这种认证只是对证书真实性的鉴别，而不是对证书所有者的认证。WAPI 标准没有被称为实体认证是恰当的，其实 WAPI 并没有完全实现对 STA 的认证）。认证完成后，AP 向 STA 发送密钥，协商请求分组并开始与 STA 协商单播密钥。

WAPI 在认证方面（即 WAI）具有以下几个重要特点：具有自主知识产权；完整的 STA 和 AP 双向认证；协议交换消息少，通信效率高；集中式或分布集中式认证管理；灵活多样的证书管理与分发体制；可支持多证书，方便用户多处使用，充分保证其漫游功能；认证服务单元易扩充，支持用户的异地接入。

WAPI 仍然存在着一些不完善之处。例如 STA 将自己的证书以明文形式发送给 AP 及 AS，因而会暴露用户的身份信息，无法实现认证时的匿名性。另外，AP 和 AS 都易成为计算瓶颈及易遭受拒绝服务。尤其需要注意的是，实际上有可能没有认证 STA 本身（只鉴别了 STA 证书的合法性）。下面简要说明一下。

因为 AS 验证了 AP 的签名，因此 AP 的合法性可保证。AP 和 STA 也验证了 AS 的签名，AS 的合法性也可得到保证。但是 AS 只验证了 STA 的证书合法性，因此，STA 的合法性需要等到密钥协商完成后，看 STA 是否能够正确使用自己的私钥解密 AP 的随机数，即是否具有欲协商的共享密钥才能确定。通过判断 STA 是否能正确生成合法的会话密钥，是对 STA 的认证方法，有时称之为“隐性认证”。

2. 单播密钥协商过程

（1）密钥协商请求。在无线网络安全通信的过程中，密钥协商请求是至关重要的一环。这一环节涉及接入点（AP）和站点（STA）之间的信任建立和数据保密性保障。具体来说，AP 和 STA 通过一系列复杂的交互过程，协商出一个共享的密钥，以便在后续的通信过程中对数据进行加密和解密。

（2）密钥协商响应。无线局域网（WLAN）通信中，站点（STA）在与接入点（AP）进行密钥协商时，会经历一个响应过程。在这一过程中，STA 需要仔细检查其当前的状态、安全参数索引以及 AP 签名的有效性，以确保通信的安全性和可靠性。首先，STA 会检查当前的状态，确保自己处于可以进行密钥协商的状态。同时，STA 还会验证安全参数索引的正确性，这些参数索引是密钥协商过程中不可或缺的一部分，它们帮助 STA 和 AP 识别并应用正确的安全设置。此外，STA 还会对 AP 的签名进行验证，以确保 AP 的身份真实可靠，防止产生中间人攻击等安全威胁。接下来，STA 会查看接收到的分组是证书认证成功后的首次密钥协商还是密钥更新协商请求。对于不同类型的协商请求，STA 会进行相应的处理。在比较密钥协商标识字段值时，STA 会仔细核对双方所使用的密钥协商协议版本、加密算法等关键信息，以确保双方能够顺利地进行密钥协商。在确认密钥协商标识字段值无误后，STA 会使用自己的私钥对接收到的 R1 进行解密。解密成功后，STA 会生成一个新的随机数 R2，并将 R1 与 R2 进行异或运算（⊕），以得到扩展后的单播会话密钥。这个过程利用了现代密码学中的密钥派生函数，能够确保生成的会话密钥具有足够的安全强度。最后，STA 将生成的单播密钥索引、下次密钥协商标识、消息鉴别码以及用 AP 公钥加密的 R2 等信息打包成一个完整的消息，并发送给 AP。这样，AP 就能从 STA 收到的消息中提取出必要的信息，完成整个密钥协商过程。

一旦 AP 成功接收到密钥协商响应消息，它会立即使用自己的私钥对该消息进行解密。解密的过程确保了只有拥有正确私钥的接收者才能读取和理解消息内容。在这一步，AP 能够从中提取出 R2 这一关键信息。紧接着，AP 会利用特定的算法，将 R 与 R2 进行扩展操作。这一操作不仅有助于生成单播会话密钥，还产生了消息鉴别（数据完整性）密钥。这两个密钥在通信过程中起到了至关重要的作用：单播会话密钥用于保护后续通信内容的机密性，而消息鉴别密钥则用于验证数据在传输过程中是否被篡改或损坏。在获得了所需的密钥后，AP 会进一步计算消息鉴别码，这是一个复杂的过程，涉及对消息内容的哈希运算和加密操作。得到的消息鉴别码将与相应分组中的相应字段进行比较。如果两者一致，说明消息在传输过程中没有被篡改，数据完整性得到了保障；如果不一致，则可能意味着消息在传输过程中遭遇了某种形式的攻击或出现错误。除了验证消息鉴别码外，AP 还会对比会话算法标识。这一步骤确保了双方使用的加密算法和协议是一致的，从而避免了因算法不匹配而导致的通信故障。同时，AP 还会检查下次密钥协商标识是否单调递增，这是为了确保密钥协商的连续性和安全性，防止出现重放攻击等潜在的安全风险。最后，AP 会将下次密钥协商标识保存下来，作为下次单播密钥更新时的依据。

（三）SMS4 对称密码算法

1. 基本参数与运算

"SMS4 分组长度为 128 位，密钥长度为 128 位，加密和密钥扩展算法都采用 32 轮迭代结构"[①]，它以字节和字（32 位）为单位进行数据处理。

SMS4 中的基本运算为模 2 加入左循环移位。分别用 ⊕ 和<<<表示。

2. SMS4 中的基本加密元素

（1）S 盒。S 盒的输入和输出都为一个字节，其本质是 8 位非线性置换，起混淆（Confusion）的作用。S 盒的设计（输入输出对照表）是公开的。假设输入为字节 x，输出为字节 y，S 盒的运算可表示为 y = S（x）。如 S（00）= D6，S（01）= 90 等（这里均为十六进制表示）。

（2）非线性变换 t。以字为单位，由 4 个 S 盒构成，实质上是 S 盒的并行计算。例如，设输入字为 $X=(x_0,x_1,x_2,x_3)$，输出字为 $Y=(y_0,y_1,y_2,y_3)$，则 $Y=t(X)=\{S(x_1),S(x_2),S(x_3),S(x_4)\}$。

（3）线性变换 L。以字为单位，主要起扩散（Diffusion）作用。设 L 的输入为字 X，输出为字 Y，则：

$$Y=L(X)=X\oplus(X<<<2)\oplus(X<<<10)\oplus(X<<<18)\oplus(X<<<24)。$$

（4）合成变换 T。以字为单位。由非线性变换 t 和线性变换 L 复合而成。设输入为 X，输出为 Y，则有 $Y=T(X)=L(t(X))$。可以看到，合成变换同时起到混淆和扩散的作用。

① 任伟. 物联网安全［M］. 北京：清华大学出版社，2012.

3. 轮函数的设计

SMS4 的轮函数（Round Function）以字为处理单位。设轮函数 F 的输入为（X_0，X_1，X_2，X_3），共 4 个字，128 位，轮密钥 K 为 32 位（1 个字），如图 5-2-5 所示。

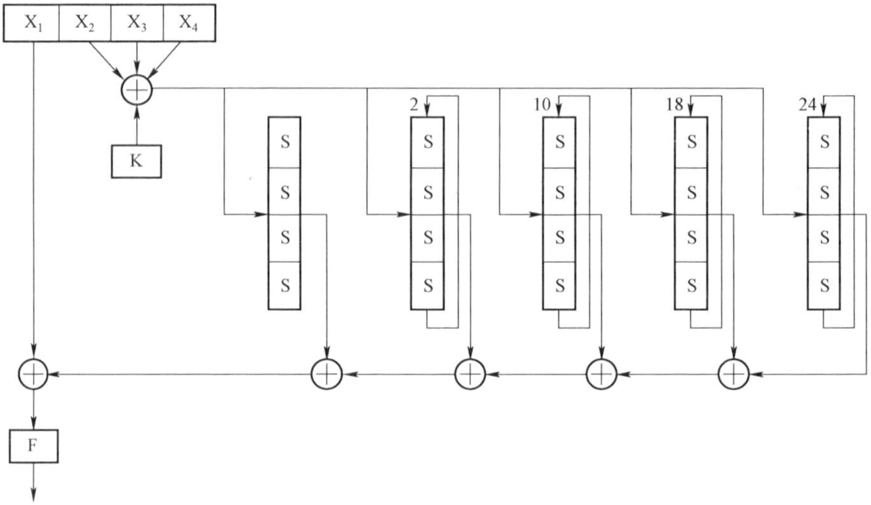

图 5-2-5　SMS4 的轮函数

即：

$F(X_0,X_1,X_2,X_3,K)=X\oplus T(X_1\oplus X_2\oplus X_3\oplus X_4\oplus K)=X_0\oplus L(t(X_1\oplus X_2\oplus X_3\oplus X_4\oplus K))$

若令 $B=X_1\oplus X_2\oplus X_3\oplus X_4\oplus K$。

则：

$F(X_0,X_1,X_2,X_3,K)=X_0\oplus S(B)\oplus(S(B)<<<2)\oplus(S(B)<<<10)\oplus(S(B)<<<18)\oplus(S(B)<<<24)$。

4. 加密算法

共 32 轮加密，设输入明文为（X_0，X_1，X_2，X_3）4 个字，轮密钥为 K，i=0，1，…，31，经过 32 轮运算后，输出密文（Y_0，Y_1，Y_2，Y_3），如图 5-2-6 所示。即加密算法为：

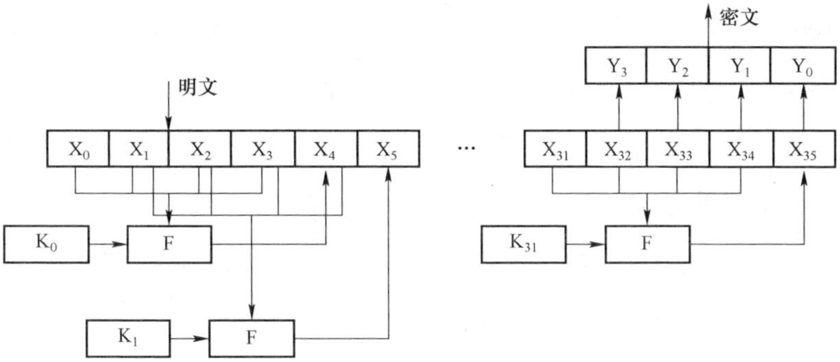

图 5-2-6　SMS4 的加密算法

$X_{i+4}=F(X_i,X_{i+1},X_{i+2},X_{i+3},K_i)=X_i\oplus T(X_{i+1}\oplus X_{i+2}\oplus X_{i+3}\oplus K_i)(Y_0,Y_1,Y_2,Y_3)=(X_{35},X_{36},X_{37},X_{38})$。

这里的设计借用了密文反馈和流密码的思想。

5. 解密算法

SMS4 算法的加密解密结构相同，只是密钥的使用次序相反，便于降低实现成本。

6. 密钥扩展

加密密钥为 128 位，需要 32 个 32 位的轮密钥，故需要使用密钥扩展算法。算法结构与加密算法类似，此外不再详细介绍。

经测试，SMS4 可以抵抗差分分析、线性攻击等，且 SMS4 中 S 盒的设计相当安全，在非线性度、自相关性、代数免疫性等方面有相当高的安全水平。

三、接入网安全的扩展讨论

（一）近距离无线低速网络安全

1. Bluetooth 安全简介

（1）蓝牙协议

蓝牙标准包括两大部分：核心（Core）部分定义了蓝牙的技术细节；轮

廓（Profile）部分定义了蓝牙各种应用中协议栈的组成。蓝牙标准主要定义的是底层协议，同时为保证和其他协议的兼容性，也定义了一些高层协议和相关接口。从 ISO 的 OSI 七层协议标准来看，蓝牙标准主要定义的是物理层、链路层和网络层的结构。

蓝牙的抗干扰能力较强，采用跳频方式扩展频谱来避免工作在 ISM 频段的设备干扰，且成本低廉，广泛应用于大量手机和笔记本电脑中。

（2）Bluetooth 链路层安全简介

蓝牙的安全模式包括：

① 非安全模式。非安全模式是指在不采用特定的信息安全管理和执行严格安全保护措施的情况下，设备在运行常规应用时所处的状态。这种模式主要适用于那些不涉及敏感信息处理的场景，其特点在于设备会主动避开链路层的安全功能，从而实现对不含敏感信息的数据库的访问。

② 业务层安全模式（也称为服务层安全模式）。业务层安全模式是蓝牙设备在通信过程中实施的一种重要安全策略。这种模式的核心思想在于，在蓝牙设备的 L2CAP（逻辑链路控制和适配协议）层建立信道之后，采用一系列信息安全管理措施并执行严格的安全保护。这种安全机制不仅建立在 L2CAP 之上，更深入地涉及其之上的协议，从而构建了一个多层次、全方位的安全防护体系。业务层安全模式的出现，主要是为了满足日益增长的蓝牙设备通信安全需求。在蓝牙设备间进行数据传输时，确保数据的安全性、完整性和保密性至关重要。业务层安全模式正是针对这些需求而设计的，它能为多种应用提供不同的访问策略，以满足不同应用对安全性的要求。

③ 链路层安全模式。在 LMP 层建立链路的同时就采用信息安全管理和执行安全保护，该安全机制建立在芯片中和 LMP 协议基础上。在该模式中，链路管理器（LM）在同一层面上对所有的应用强制执行安全措施。

蓝牙的安全信息单元包括：

① 蓝牙设备地址（BD_ADDR）：每个蓝牙设备都具有唯一的 48 位的地址。② 链路密钥：是身份认证和加密的重要参数，共有 128 位。通过 E21 或

E22 算法产生。③ 加密密钥：用于加密的 8～128 位密钥，由 E3 算法产生。④ 随机数：由蓝牙设备产生的 128 位伪随机数。

2. ZigBee 安全简介

（1）zigBee 安全架构

ZigBee 协议栈的体系结构如图 5-2-7 所示。

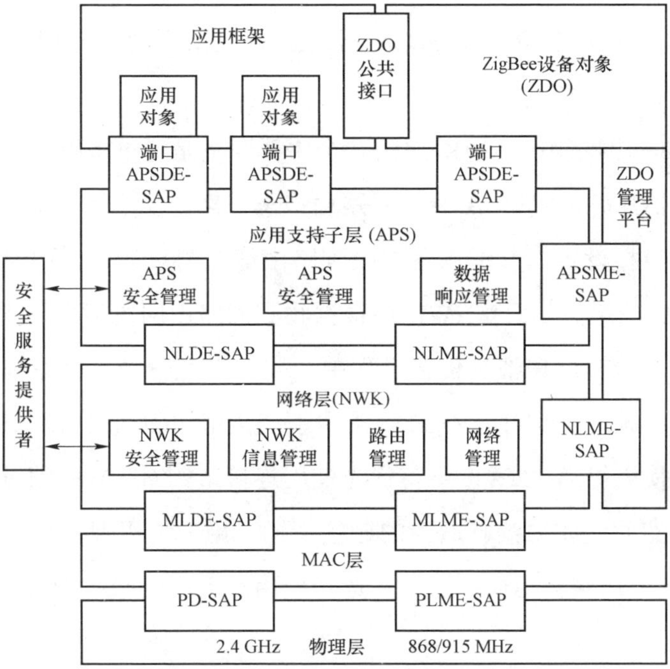

图 5-2-7　ZigBee 协议栈结构图

（2）NWK 层安全

ZigBee 是一种基于 IEEE 802.15.4 标准的低功耗、低成本、短距离无线通信协议，广泛应用于智能家居、工业自动化、医疗等领域。在 ZigBee 网络中，NWK 层（网络层）扮演着至关重要的角色，它负责实现多跳连接、路由选择、帧传输等功能。在保障网络通信安全方面，ZigBee 采用了一种有效的帧保护机制。当来自 NWK 层的帧需要保护时，ZigBee 会启动帧保护机制。此外，当来自更高层的帧且网络层信息库（Network Information Base，NIB）中相关属性为TRUE时，ZigBee同样会运用这种保护机制。NIB是ZigBee网络中一个关键的信息存储库，它包含了网络的各种属性信息，如安全级别、密钥等。其中，与安全级别相关的属性决定了对NWK帧的保护程度。上层通过建立网络密钥，为NWK层提供安全保护。这些网络密钥在设备连接网络时会通过某种安全机制进行分发和确认，以确保只有合法的设备能够参与通信。根据网络密钥的设置，ZigBee可以决定使用哪个安全级别来保护NWK层。这种灵活的安全策略使得ZigBee网络能够根据不同的应用场景和安全需求进行配置。

在ZigBee网络中，NWK层的一个主要职责是通过多跳连接传送消息。当需要发送消息时，NWK层会广播路由请求信息，以寻找一条合适的路径将消息传输到目标设备。邻近设备在收到路由请求消息后，会回复路由应答消息，提供自己的路由信息。NWK层根据收到的路由回复消息，选择一条最优路径进行消息传输。在消息传输过程中，安全性是一个不容忽视的问题。为了确保NWK帧的安全性，ZigBee采用了连接密钥和网络密钥进行保护。如果连接密钥使用得当，NWK层将优先使用连接密钥对NWK帧进行加密和完整性校验。然而，如果没有适当的连接密钥可用，为了保护信息的机密性和完整性，NWK层将会退而求其次，选择使用活动的网络密钥对NWK帧进行保护。

（3）APL层安全

在无线通信系统中，数据的安全性至关重要。当来自应用协议层（APL层）的帧需要得到安全保护时，应用协议子层（APS子层）会承担起处理其安全性的责任。APS子层作为保障数据传输安全的关键环节，采用了基于连接密钥或网络密钥的帧保护机制，为数据传输提供了强有力的安全保障。具体来说，APS子层通过使用连接密钥或网络密钥，可以对来自APL层的帧进行加密和认证，确保数据在传输过程中的机密性、完整性和真实性。这种保护机制可以有效地防止数据被非法截获、篡改或伪造，从而保障通信系统的安全和稳定。

（二）有线网络接入安全

物联网接入的特征在于网络的融合性，即网络接入方式可以是多种多样的。例如有线网络接入方法还包括 PSTN（Public Switched Telephone Network，公共交换电话网络）拨号接入、ADSL（Asymmetric Digital Subscriber Line，非对称数字用户线路）等公网接入方法，或者是专网接入（如校园网、中国教育科研网 CERNET 等）。在三网融合（电信网、有线电视网、计算机网络）的目标下，有线电视（Community Antenna Television，CATV）也可以连接互联网，还有各种独立网络布线商的高速宽带接入（如光纤到户 Fiber To The Home，FTTH，长城宽带等）。还有一种特殊的接入方式是电力线通信（Power Line Communication，PLC）接入方式，即通过电力线传送数据的方法。

物联网的基本应用就是改造传统的工业控制领域，如传感器和制动器的组网、远程控制、无线控制等。美国前总统奥巴马在 2009 年的演讲中多次提到的 M2M 的概念，非常强调机器间的通信。与之类似，美国国家自然科学基金委员会重点支持的学术领域 CPS 也是强调计算、通信、控制的融合，CPS 是一个以通信与计算为核心的集成的监控和协调行动工程化物理系统。我国工业和信息化部在 2009 年提出的“两化融合”（即自动化和信息化的融合）的思想，也反映了控制网络通信的重要性，M2M 和两化融合也被我国视为物联网 4 大技术的组成部分和应用领域之一。两化融合最基础的传统技术是基于短距离有线通信的现场总线的各种控制系统，如 PLC，DCS（Distributed Control System），SCADA（Supervisory Control And Data Acquisition）等。物联网理念把信息技术融合到控制系统中，实现“高效、安全、节能、环保”的“管、控、营”一体化。

1. 现场总线简介

IEC（International Electrotechnical Commission，国际电工委员会）对现场总线（Field bus）的定义为：现场总线是一种应用于生产现场，在现场设备之间、现场设备和控制装置之间实行双向、串行、多结点的数字通信技术。它在生产现场、微机化测量控制设备之间实现双向串行多结点数字通信，也被称为开放式、数字化、多点通信的底层控制网络。在制造业、工业流程、交通、楼宇等方面的自动化系统中已实现了广泛的应用。现场总线不同于计算机网络，人们必须面对多种总线技术标准共存的现实。技术发展很大程度上受到市场规律、商业利益的制约；技术标准不仅是一个技术规范，也是一个商业利益的妥协产物。常见的现场总线有如下。

（1）基金会现场总线（Foundation Field bus，FF）

在工业自动化领域，现场总线技术扮演着至关重要的角色。其中，ISP 协议和 WorldFIP 协议是两大重要的总线协议，它们分别由不同的公司联盟制定，并在各自的领域内得到了广泛的应用。然而，随着技术的不断进步和工业发展的需求，这两个协议最终走向了合并的道路。美国 Fisher-Rousemount 公司联合了横河、ABB、西门子等 80 家公司，共同制定了 ISP 协议，这一协议以其高效、稳定的特点，在工业自动化领域得到了广泛的应用。与此同时，Honeywell 公司则联合了欧洲等地的 150 余家公司，制订了 WorldFIP 协议。这一协议以其开放、灵活的特性，也赢得了众多企业的青睐。然而，随着工业自动化技术的不断发展，单一的协议已经无法满足日益复杂和多样化的需求。因此，在 1994 年 9 月，ISP 协议和 WorldFIP 协议正式合并，形成了一个更加全面、强大的总线协议。这一合并不仅促进了不同协议之间的互操作性，还提高了工业自动化系统的整体性能。基金会现场总线（Foundation Fieldbus）便是这一合并后的产物，它采用了国际标准化组织 ISO 的开放系统互联 OSI 的简化模型，即物理层、数据链路层和应用层。这种简化模型使得基金会现场总线在保持高效通信的同时，降低了系统的复杂性和成本。此外，基金会现场总线还增加了用户层，以更好地满足用户的具体需求。

（2）CAN（Controller Area Network，控制器局域网）

CAN（Controller Area Network，控制器局域网）作为一种先进的通信技术，最初由德国知名企业 BOSCH 公司精心打造，该技术自问世以来便深受业界好评，并在离散控制领域得到了广泛的应用。其总线规范经过国际标准化组织 ISO 的严格审定，成功晋升为国际标准，这一成就不仅彰显了 BOSCH 公司的技术实力，更标志着 CAN 技术得到了国际认可与有着广泛应用前景。此外，CAN 技术还得到了诸如 Intel、Motorola、NEC 等众多全球知名公司的支持与青睐，共同推动其发展与创新。CAN 协议在结构上分为两个层次：物理层和数据链路层。物理层负责信号的传输与接收，确保数据在总线上的稳定传输；而数据链路层则负责数据的打包、解包、校验等工作，确保数据在传输过程中的完整性和准确性。这种层次化的设计使得 CAN 协议在功能划分上更加清晰，便于后续的维护和管理。在通信距离和速率方面，CAN 总线表现出了卓越的性能。其通信距离最远可达 10 千米，使得 CAN 总线可以覆盖广泛的区域，满足大型控制系统的需求。同时，CAN 总线的通信速率最高可达 40 Mbps，使得数据在总线上的传输速度非常快，满足了对实时性要求较高的应用场景。此外，CAN 网络结点数实际可达 110 个，使得单个网络可以容纳更多的设备，便于实现复杂的控制系统。

（3）CC-Link（Control & Communication Link，控制与通信链路系统）

CC-Link 作为工业自动化领域的一项重大创新成果，自 1996 年 11 月由三菱电机为主导的多家公司联合推出以来，便以其卓越的性能和广泛的应用领域在亚洲乃至全球范围内赢得了广泛的认可。CC-Link 系统以其卓越的性能脱颖而出。该系统采用高速传输技术，可以将控制和信息数据以高达 10 Mbps 的速度传送至现场网络，实现了数据的高效、准确传输。在实际应用中，CC-Link 系统有效解决了工业现场配线复杂的问题。传统的工业现场配线往往涉及大量的线缆和连接器，不仅安装和维护成本高昂，而且容易引发故障和安全隐患。而 CC-Link 系统通过采用标准化的通信协议和接口，简化了现场配线的复杂性，降低了故障率，提高了生产效率。此外，CC-Link 系统还具备优异的抗噪性能和兼容性。在工业自动化环境中，各种电气设备和电磁干扰源可能会对通信信号造成干扰，影响数据传输的准确性和稳定性。而 CC-Link 系统通过采用先进的抗噪技术和信号处理技术，有效抑制了干扰信号的影响，保证了数据传输的可靠性。同时，该系统还支持多种设备和协议，具有良好的兼容性，方便用户根据实际需求进行选择和配置。值得一提的是，CC-Link 系统不仅是一个以设备层为主的网络，还可以覆盖较高层次的控制层和较低层次的传感层，这使得 CC-Link 系统能够实现对整个工业自动化系统的全面监控和管理，提高了系统的整体性能和稳定性。正是由于 CC-Link 系统的卓越性能和广泛应用，2005 年 7 月，该系统被中国国家标准委员会批准为中国国家标准指导性技术文件。这一举措进一步推动了 CC-Link 系统在中国市场的普及和应用。

（4）INTERBUS

INTERBUS 是德国 Phoenix 公司推出的一款颇具影响力的现场总线技术，其出现标志着工业自动化领域的一大步前进。在 2000 年 2 月，INTERBUS 正式成为国际标准 IEC61158，这一里程碑式的认可不仅证明了其技术上的优越性，也彰显了其在工业自动化领域的广泛应用和深远影响。INTERBUS 采用了国际标准化组织 ISO 的开放系统互联 OSI 模型的简化版本，具体包括物理层、数据链路层和应用层。这种简化模型使得 INTERBUS 在保持强大功能的同时，也降低了系统的复杂性和成本，从而更容易被广大用户所接受和应用。在数据传输方面，INTERBUS 采用了数据环通信方式。这种通信方式具有低速度、高效率的特点，能够确保数据在传输过程中的稳定性和可靠性。同时，INTERBUS 还严格保证了数据传输的同步性和周期性，这对于需要高精度控制的应用场景来说至关重要。除了在数据传输方面具有优势外，INTERBUS 还具有强大的可靠性、可诊断性和易维护性。其采用的硬件和软件设计都充分考虑了现场环境的复杂性和多变性，能够抵御各种干扰和故障。同时，INTERBUS 还提供了丰富的诊断工具和维护手段，使得用户可以对系统进行故障排查和日常维护。正因为这些卓越的性能特点，INTERBUS 得到了广泛的应用，如在汽车、烟草、仓储、造纸、包装、食品等工业领域，INTERBUS 都发挥着重要的作用。它不仅能够实现设备之间的数据共享和协同工作，还能够提高生产效率、降低维护成本、优化生产过程。因此，INTERBUS 成为国际现场总线的领先者，受到了广大用户的青睐和赞誉。

2. 工业控制系统安全简介

（1）“震网”病毒事件

在当今信息化与工业化深度融合的时代背景下，工业控制系统的应用日益广泛，涵盖了工业、能源、交通、水利以及市政等多个领域，为生产设备的运行提供了强大的技术支持。数据采集与监控（SCADA）、分布式控制系统（DCS）、过程控制系统（PCS）、可编程逻辑控制器（PLC）等工业控制系统在推动工业发展、提升生产效率方面发挥了重要作用。然而，随着这些系统日益普及，其信息安全问题也日益凸显，一旦软件漏洞被恶意代码所利用，将对工业生产运行和国家经济安全造成重大隐患。随着技术的不断进步，工业控制系统产品越来越倾向于采用通用协议、通用硬件和通用软件，从而实现与互联网等公共网络的便捷连接。这种趋势虽然提升了系统的兼容性和可扩展性，但也为恶意攻击者提供了可乘之机。病毒、木马等网络威胁正在不断向工业控制系统扩散，这些威胁一旦成功侵入系统，将可能导致生产设备的失控、数据的泄露甚至整个生产线的瘫痪，对工业生产和国家安全造成严重影响。

通过“震网”病毒事件，可以得到一些启示。

① 工业以太网和现场总线标准均为公开标准，熟悉工控系统的程序员开发具有针对性的恶意攻击代码并不存在很高的技术门槛。基于 Windows-Intel 平台的工控 PC 和工业以太网，可能遭到与民用或商用 PC 和网络中同样的攻击。因此，采取严格的网络隔离措施是必须的。

② DCS 和现场总线控制系统中测控软件的核心产品，特别是行业产品被少数公司所垄断，例如电力行业中常用的是西门子 SIMATIC WinCC。针对这种软件的攻击会从根本上破坏测控体系，Stuxnet 病毒的攻击目标正是 WinCC 系统。因此，在核心部门采用国产软件或者一定数量的异构异种软件，以及软件冗余措施是有益的。

③ 基于 RS-485 总线以及光纤物理层的现场总线，如 PROFIBUS 和 MODBUS，其安全性相对较好，但短程无线网络，特别是不使用 ZigBee 等通用短程无线协议有一定的安全性，而使用自定义专用协议的短程无线通信测控仪表，安全性较差。

（2）工业控制系统的信息安全管理

从信息安全管理角度出发，对工业控制系统的信息安全管理方面提出了以下注意事项，包括：

① 连接管理要求

A. 断开工业控制系统同公共网络之间的所有不必要连接。

B. 对确实需要的连接，系统运营单位要进行逐一登记，采取设置防火墙、单向隔离等措施加以防护，并定期进行风险评估，不断完善防范措施。

C. 严格控制在工业控制系统和公共网络之间交叉使用移动存储介质以及便携式计算机。

② 配置管理要求

A. 建立控制服务器等工业控制系统关键设备安全配置和审计制度。

B. 严格账户管理，根据工作需要合理分类设置账户权限。

C. 严格口令管理，及时更改产品安装时的预设口令，杜绝弱口令、空口令。

D. 定期对账户、口令、端口、服务等进行检查，及时清理不必要的用户和管理员账户，停止无用的后台程序和进程，关闭无关的端口和服务。

第三节　物联网应用层安全技术分析

物联网应用层主要是用户根据不同的感知数据作出不同的反应。当前市场上兴起的云电视、智能家居、智能医疗系统等都是物联网技术的应用。物联网应用层的主要作用就是对感知层获取数据信息的应用。应用层对物联网信息和数据进行融合处理和利用，这也是物联网发展的目的。

物联网涉及的新技术很多，其中的关键技术主要有射频识别技术、传感器技术、网络通信技术和云计算（传输数据计算）等。

一、安全需求

应用层是物联网中的业务提供层，也是物联网架构中的最顶层，它主要负责提供服务支持，处理众多用户的请求，智能处理数据和决策分析等。在提供服务的同时，应用层还涉及数据的真实性、完整性和机密性等方面的问题，这些问题与用户隐私安全及物联网设备安全都息息相关。根据 Gartner Group 的统计，约 75%的黑客攻击发生在应用层。同样，统计显示，约 92%的系统漏洞属于应用层漏洞。

当前物联网应用层面临的安全挑战主要有以下几种。

（1）钓鱼攻击：在钓鱼攻击中，攻击者可以通过钓鱼网站或邮件来劫持用户的认证信息。

（2）恶意病毒/蠕虫：在物联网中传播一些恶意程序，当设备被植入恶意病毒及蠕虫后，攻击者就可以利用这些程序直接篡改设备形成僵尸网络信息，从而获取用户数据。

（3）嗅探攻击：攻击者通过在设备中引入嗅探器实用程序来对机器进行强制攻击，这种攻击可能会造成整个网络系统崩溃。

（4）恶意脚本：可以引入软件，在软件程序中修改并从软件程序中删除的脚本，其目的是损害物联网的设备功能。

除以上这些攻击之外，应用层还需要警惕由于用户操作失误或网络情况不佳而生成的错误指令，终端产生的海量数据造成的数据阻塞、处理不及时，智能设备失效、无法自动处理，设备在网络中逻辑丢失，无法从故障或灾难中快速恢复等问题，这些问题都有可能对物联网应用层造成很大的危害。

虽然物联网技术为我们带来了很多便利，从生产自动化到医院、工厂自动化管理，从智慧家居到智慧城市，物联网技术出现在我们生活中的各个场景，但正如之前所说，物联网正在面临许多安全性的问题，若这些问题不能得到很好的解决，将会造成较大的损失。

（一）业务服务平台安全需求

物联网业务服务平台可为 SaaS 层和设备层搭建桥梁，为终端层提供设备接入，为 SaaS 层提供应用开发能力，如阿里巴巴的“阿里智能”、腾讯的“物联云”、百度的“物管理”、中国移动的“OneNEt”等，物联网业务服务平台的安全需求主要涉及接入安全、平台数据安全、应用安全、系统安全等。其中，接入安全是物联网业务服务平台提供服务的基础，但由于接入设备类型繁多、能力参差不齐，存在身份仿冒、非授权访问等安全风险，需采取相应的安全措施以保证平台接入的安全性。同时，由于物联网业务服务平台需要采集、存储及处理大量敏感数据，因此需保证其不会出现被窃取、被篡改、被伪造、被破坏等现象。此外，随着对象标识装置的不断普及，出现了各种动态的、富媒体内容的新型业务应用，物联网业务服务平台在向用户提供相关业务及应用时，应注意在实现技术、逻辑、控制等方面的安全威胁，如其业务逻辑设计可能存在安全隐患，业务认证授权、对外开放接口可能存在安全问题等，需要提供相应的安全机制来确保业务服务的正常开展。物联网业务服务平台还应保证其在系统安全方面的安全需求，如系统安全加固及安全审计等。

（二）垂直领域安全需求

随着物联网技术产品的不断成熟，物联网的应用已渗透在生产和生活中的各个环节，当前其垂直领域主要包括智慧城市、工业互联网、车联网、家庭物联网、智能安防、智慧医疗、公共服务等。不同的垂直领域由于终端设备、网络结构、业务形态的差异性，会面临不同的安全风险与安全需求。在智慧城市中，其安全需求主要包括感知设备防护能力、多样化网络接入安全性、个人隐私保护等；在工业互联网中，其安全需求主要包括工控设备资产和网络边界的识别、工业网络隔离措施、重要数据的安全保护、威胁感知能力与专业的安全运营能力等；在车联网中，其安全需求主要包括保证传感器数据的合法性、核心控制组件的安全性、接口身份认证的安全性等；家庭物联网、智能安防的安全需求则主要体现在身份认证与鉴权、个人隐私保护、设备安全更新等方面；在智慧医疗和公共服务领域，其安全需求主要包括设备安全、个人隐私保护和数据传输安全等方面。

二、应用层安全的核心技术

（一）中间件安全技术

物联网（IoT）是一种网络基础设施，用于将物理对象、计算机和人类连接到 Internet 以进行信息交换。这些基础设施可以是传感器、执行器、智能手机、建筑物和任何其他设备。物联网为各种各样的应用提供了前所未有的机遇，并被广泛应用于许多场景，如制造、医疗和交通领域中。然而，物联网是一个超大规模的网络，包含数十亿甚至数万亿的节点，这些节点会自发地产生大量的数据，要对这些数据进行实时处理和通信，无疑给应用程序的性能带来了挑战。要实现物理世界、网络世界和人类世界的无缝集成，有效地管理和控制这些事物是一个具有挑战性的问题，根据分布式系统的开发经验，有必要构建一个将网络硬件、操作系统、网络栈和应用程序黏合在一起的泛在中间件。

1. 中间件的概念

中间件是一种独立的系统软件或服务程序，分布式应用软件借助这种软件在不同的技术之间共享资源，中间件位于客户机/服务器的操作系统之上，管理计算机资源和网络通信，是连接两个独立应用程序或独立系统的软件。

即使相连接的系统具有不同的接口，但通过中间件仍能相互交换信息。

从基本功能上来说，物联网中间件既实现了平台的功能又实现了通信的功能，它要为上层服务提供应用的支撑平台，同时连接操作系统，保证系统正常运行。另外，中间件还要支持各种标准的协议和接口，例如，在基于RFID的EPC应用中，中间件要支持和配套设备的信息。

交互和管理同时还要屏蔽前端的复杂性。这两大功能也限定了只有用于分布式系统中的才能被称为中间件，同时还可以把它与系统软件和应用软件区分开。

2. 中间件分类

（1）基于服务的中间件

基于服务的中间件，其体系结构受到传统面向服务体系结构（SOA）的启发，这种方法将资源抽象为服务，为用户提供集成的数据处理能力。服务可以是云平台提供的数据融合服务，也可以是物理设备上的简单感知服务。

Hydra在2014年更名为Smart Link，旨在将传感器集成到环境智能系统中，它使用语义Web服务来实现语法和语义级别的互操作性。所有的功能，如数据感知和处理，都由本体（Ontology）以OWL和SAWSDL格式来描述。Hydra具有基于本体论和低级语义处理方法推理的上下文感知功能，它将上下文数据分为设备上下文（如传感器）、语义上下文（如位置）和应用上下文（如用户需求）3类，并为这些上下文提供获取、推理和管理策略。目前，中间件被广泛用于开发上下文感知的应用程序，如糖尿病管理平台。然而，本体标准的缺乏限制了Hydra的可扩展性。

Cocamal是环境辅助生活（AAL）系统的中间件，它提供了一个由5个部分组成的云平台：①AAL系统，它是一个由异构传感器组成的监控系统（如人体传感器网络）；②上下文聚合器和提供者，负责使用基于本体的方法推理高层上下文；③上下文感知中间件，提供数据管理和服务管理功能；④服务提供者，提供可由CAM云调用的上下文感知服务；⑤上下文数据可视化，为用户提供数据可视化界面，Cocamal 提供了高效的数据流处理和上下文推理，其局限性在于系统不支持个性化知识发现。BDCaM 是 Cocamal 的扩展中间件，部署在医疗云平台上，它能为患者创建特定的监控规则，并通过基于患者档案和历史数据的迭代学习对其进行优化。

Atlas 是一个面向服务的云传感器系统，由云上、边缘网关（即网关）和边缘传感器（即传感器）的 3 个子系统组成，它支持多种虚拟抽象服务，包括云传感器和虚拟传感器。Atlas 的主要组件包括边界连接模块、实用服务管理模块、服务注册管理模块、服务提供管理模块、服务发现模块、服务组合模块和应用开发模块。Atlas 开发了一个被称为 E-SODA 的程序模型，其中传感器数据被抽象为事件，应用程序遵循由事件/条件/动作（ECA）规则列表组成的面向规则的处理范式。中间件基于表示事件聚合关系的事件表示树来实现流处理的工作流组装。此外，它还支持基于双向瀑布优化框架的计算任务（即服务）的自适应迁移。

基于服务的中间件通常用于支持云的环境，在解决异构性问题和互操作性问题方面具有很大的优势。新兴的语义面向服务架构（SSOA）描述了一种适用于大规模物联网基础设施的方法，它利用对数据、服务和流程进行丰富的、机器可解释的描述，使系统能够自主地进行交互，然而，缺乏统一的服务标准给服务发现和组合带来了挑战。此外，随着服务数量的激增，手工管理服务已经不现实，这就需要对服务进行自配置和自优化。

（2）基于事件的中间件

事件驱动体系结构（EDA）是一种促进事件的产生、检测和反应的软件体系结构范式，与 SOA 相比，EDA 允许物联网应用程序对特定的传感器事件作出反应。通常，应用程序会订阅感兴趣的事件，当中间件检测到一个事件时，该事件将被转发给它的订阅用户。然而，在开放环境中，复杂事件的检测和处理仍然面临许多挑战。

事件驱动模式将功能模块从时间序列中分离出来，使得处理和发现知识更加容易，然而，其松散耦合的特性增加了系统管理的复杂性和难度。此外，事件的并发性也增加了数据交换的不确定性，降低了系统的可靠性。

IoT-MP 是一个基于事件的智能家居通信管理平台，用于解决异构性带来的基础管理问题，它有一个三层体系结构，由传感器节点、管理器（Manager）服务器和管理器（MoM）服务器组成，除了检测原始数据外，传感器节点还负责通过简单网络管理协议（SNMP）来响应来自 Manager 服务器的请求。每个 Manager 服务器连接多个传感器节点，并存储和处理从这些传感器节点收集的数据。顾名思义，MoM 服务器负责管理和调度 Manager 服务器，并充当 Manager 服务器的管理器。当 MoM 收到数据或计算请求时，它将请求转发到相关的代理服务器，在数据安全方面，IoT-MP 为每个传感器节点提供了唯一的安全身份，实现了基于属性的访问控制，然而，IoT-MP 不支持语义处理。

PRISMA 是为 WSN 分布式环境设计的面向资源的中间件，通过一个高级标准化的 RESTful 数据访问接口，用户可以在不考虑异构网络技术的情况下进行决策。PRISMA 具有三层体系结构，包括接入层、服务层和应用层。接入层提供上下文获取和网络通信的功能，服务层侧重于资源发现、事件检测和分发，应用层负责编程抽象和应用程序之间的交互。基于 PRISMA 的系统可分为网关、簇头和传感器节点 3 个子系统，每个子系统由部分或全部中间件层组成，网关端子系统管理其他子系统，并从高层角度进行决策。簇头端子系统管理其集群中的传感器节点，并向网关提供资源发现功能。传感器节点端子系统收集传感数据并作出局部决策，这种分层方法有利于系统实现可扩展性、互操作性和资源管理。然而，PRISMA 不提供语义处理，也不支持运行时的自适应。

SecoMAN 是一个基于语义 Web 的上下文管理中间件，旨在为开发上下文感知应用程序提供一个隐私保护解决方案。这个中间件具有三层结构，包括插件、上下文管理和应用程序，其中，插件层负责收集数据。上下文管理层是 SecoMAN 的核心，采用基于本体的上下文推理方法来获取有用的知识，此外，它还提供了基于组的策略管理和访问控制机制来保护数据安全。

（3）基于虚拟机的中间件

虚拟机的中间件由虚拟机（VM）组成。VM 根据操作系统提供的接口定义一组指令，应用程序是指令的组合。灵活性是基于 VM 的中间件的最大特点。

Mate 是一个基于 VM 的中间件，由加州大学伯克利分校 TinyOS 开发。Mate 的核心组件包括虚拟机、解释器、网络管理、日志和引导/调度程序，它总共提供 24 条 Mate 指令，并支持事件驱动的同步处理机制，应用程序由这些指令表示，可以通过无线传输在线更新。DVM 和 DAVIM 都是基于 Mate 设计的，并使用类似的方法动态更新 VM，不同之处在于 DAVM 支持应用程序的运行时重新配置和多应用程序并行执行。由于应用程序的重新配置需要更新网络中的所有节点，因此会引入额外的执行开销，此外，DAVIM 使用协调器来执行代码管理任务，这可能是系统中的一个瓶颈。

SensorWare 实现了一个部署在嵌入式操作系统上的虚拟机，并使用其系统功能接口为移动应用程序提供运行环境，它由一个语言组件和一个脚本解释器组成。语言组件结合操作系统指令为应用程序提供编程接口，SensorWare 使用脚本扩展添加新的功能模块，如无线通信、定时和传感模块。此外，SensorWare 通过向网络中注入轻量级的控制脚本，可以动态地控制数据采集和通信，然而，复杂的组件间通信和代码管理机制使得其不适合于资源受限的设备。

Actinium 是一个运行时容器，符合 RESTful 架构风格，并扩展了 WoT 方法。每个应用程序都由容器提供的脚本实现，并在特定线程中执行。这些脚本是用 JavaScript 语言编写的，运行时可以在云端安装、上传、下载和定制。在数据安全方面，Actinium 提供细粒度的访问控制策略和脚本的异常状态监视。此外，基于数据报传输层安全（DTLS）协议，它保证了端到端数据的完整性、认证性和机密性。

MODE 是一种基于事件驱动和虚拟机的物联网中间件，它的应用程序由 JavaScript 脚本实现，并在 Rhino 引擎中执行。MODE 的脚本分为两类：系统脚本和用户定义脚本，系统脚本实现系统的基本功能，用户自定义脚本是用户通过 RESTful 接口提交的个性化功能。这些脚本可以根据需要在设备和云服务器之间迁移，这极大地提高了系统效率，但是该模式仅支持资源丰富的设备。另外，在 MODE 和 Actinium 模式下，由于 JavaScript 所具有的特性，所以多个应用程序不能同时调用同一个脚本，这降低了系统的性能。

基于虚拟机的中间件提供了动态加载和软件隔离，并且可以使已编译应用程序的大小实现最小化。然而，VM 的能力往往有限，不足以满足复杂逻辑的需要。

（4）基于数据库的中间件

数据库的中间件将网络节点视为分布式数据对象，将网络视为虚拟分布式关系数据库，用户通过类似于 SQL 的查询来请求数据，系统对请求进行分析并生成网络查询方案，然后将子查询发送到网络中相应的节点。在接收到查询之后，传感器节点执行网络处理和数据聚合，然后将结果返回给用户。

TinyDB 基于 TinyOS 并使用控制流方法为数据查询提供一个易于使用的接口，提交给系统的数据查询由类似于 SQL 的语句（即 SELECT-FROM-WHERE-GROUP BY）组成，子查询经过解析和优化后，通过控制泛洪的方法转发给相应的节点。TinyDB 可以支持多种功能查询，如聚合查询、事件描述查询、设备状态查询等，提高了数据处理和网络管理的灵活性。然而，TinyDB 只支持一些简单的聚合操作，如求平均值、最大值等，因此对于开发复杂的应用程序是不实际的。

SINA 是一个基于数据库的中间件，它将传感器节点视为一个分布式数据对象，在网络中，每个传感器节点维护一个完整的数据表，整个传感器网络可以看作所有数据表的集合。数据表由多个单元格组成，每个单元格表示一个传感器节点的特定属性，SINA 使用基于属性的命名方案来管理工作表，并使用分层聚类算法来提高中间件的可扩展性。与 TinyDB 相比，除了类似于 SQL 的查询，SINA 还可以支持基于传感器查询和任务语言（SQTL）的程序。

Cougar 提供分布式数据库接口来接收用户的查询，并通过这些查询来实现 WSN 管理。它通过将查询分布到传感器网络中的每个节点来实现能量消耗的最小化，传感器的类型被建模为抽象数据类型（ADT），信号处理功能被建模为返回传感器数据的 ADT 功能。长时间运行的查询是用类似于 SQL 的语言表示的。然而，Cougar 在复杂的场景中是不可用的，并且很难在运行时支持多个应用程序的并发执行。

DSWare 提供以数据为中心，实时和基于组的事件监视服务，它解决了单节点事件报告的不可靠性和多节点观测值的相关性等聚合可靠性问题。DsWare 提供基于组的决策和可靠的数据存储，从而提高了应用程序的性能。DsWare 使用类似于 SQL 的语言来注册和取消事件，然而，DSWare 不能处理相对复杂的事件，如涉及时空关系的事件。

基于数据库的中间件支持检测数据和事件的时间关系，然而，它需要保持一个全局的网络结构，这降低了中间件的可伸缩性。此外，基于数据库的中间件往往不具备数据聚合和知识发现的能力。

（5）基于代理的中间件

移动代理是一个独立的软件实体，在没有用户参与的情况下自主工作。通常，代理需要在特定的虚拟机环境中运行，因此可以说基于代理的中间件是基于 VM 的中间件的特例。在基于代理的中间件中，应用程序被划分为多个模块化代理，这些模块化代理可以被注入和分发到网络中。当从一个节点迁移到另一个节点时，代理需要保持其执行状态，而基于代理的中间件需要确保代理可以异步、自主和高效地执行。

Agilla 是基于 Mate 设计的基于移动代理的中间件，有利于 WSN 中自适应应用的快速部署。Agilla 允许用户创建移动代理并与网络连接，当触发相应的事件时，移动代理将迁移到相应的节点以执行特定于应用程序的任务。Agilla 拥有自己的指令集和专用的数据/指令存储器。此外，Agilla 还提供本地化的元组，以确保即使在多代理环境中，代理也能保持自治以及拥有可远程访问的空间。它允许代理自由移动，同时保持与其他代理协调的能力问题是 Agilla 只考虑资源受限的设备，在应用于资源丰富的设备时会造成性能的浪费。此外，在多个应用程序的情况下，需要部署、克隆和移动较多的代理。

ACOSO（基于代理的计算范式）为智能设备提供了面向代理、事件驱动的编程模型和工具，它支持多种通信机制，包括消息传递和订阅/发布机制，以及基于规则的上下文推理机制。ACOSO 提供了有效的代理管理和通信，其体系结构由三层组成：① 高层智能对象体系结构，即体系结构代理模型；② 代理中间件，支持不同设备的不同代理平台；③ WSAN 编程和管理层，基于楼宇管理框架（BMF）管理 WSN。在 ACOSO 中，针对大规模边缘计算，研究者提出了一种架构 CA-IoT，它是 ACOSO 与 BSN 的 SaaS 平台（基于云计算的计算范式）的协同集成。

Sensomax 是一种基于代理的 WSN 中间件，它是轻量级的，只需要 70 KB 的存储空间。Sensomax 包含 3 个子系统，分别是桌面应用程序、网关和传感器节点。在网关中，Sensomax 的软件架构可以分为三层：评估层、任务层和部署层，其中评估层提供 XML 解析工具和元素拆分器来验证应用程序查询并将其拆分为单个或多个代理。任务层分析应用程序，以 QTask 的形式形成捆绑包，任务可以在不同的策略上运行，包括时间策略、区域策略或基于事件的策略。部署层负责向网络传输代理或从网络接收代理，在传感器节点中，有两个附加的层：GLS 层和资源层，其中 GLS 层处理 QTask，资源层负责与传感器和执行器的通信，需要注意的是 Sensomax 允许在运行时重新配置网络。

移动代理这样的模块化编程范例为网络更新提供了一种有效的机制，代理的自主行为增强了网络的容错性和自组织性，然而，由于其指令不允许硬件异构性，因此基于代理的中间件通常不适合于资源受限的设备。

（二）服务安全技术

随着移动互联网的繁荣及云计算和物联网的快速发展，应用层服务涉及的领域越来越广泛，从人们的日常生活到政府、企业的正常运转都离不开应用层服务，应用层服务的广泛应用也使其被攻击的面变得越来越广。

1. Web 简介

Web 是 Internet 提供的一种界面友好的信息服务。Web 中海量的信息是由彼此关联的文档组成的，这些文档被称为主页或页面，它是一种通过超链接连接起来的超文本信息，通过 Web 我们就可以访问遍布于 Internet 主机上的链接文档。

2. Web 应用常见的漏洞

近年来，信息技术和互联网飞速发展，Web 服务根据人们的不同需求和目的，已经遍布了我们生活的各个领域，越来越多的公司或组织可以使用 Web 将现有的系统高度集成化。Web 服务虽然大大简化了我们的工作流程，丰富了我们的生活，但与此同时，Web 也面临很严重的安全威胁，如负责实现公司安全目标的人员面临的最严峻的挑战之一是确保网站免受攻击和滥用。

根据国际权威组织开源 Web 应用安全项目（OWASP，Open Web Application Security Project）在 2017 年发布的 Web 攻击 Top10 所示，前三大攻击是数据库（SQL，structured query language）注入、失效的身份认证与会话管理、跨站点脚本攻击（CSS，Cross Site Script），此处重点介绍 SQL 注入攻击、跨站脚本攻击和跨站请求伪造攻击等 3 种攻击。

SQL 注入攻击作为黑客针对数据库进行破坏的一种重要手段，始终对网络安全构成严重威胁。随着 B/S 模式（浏览器/服务器模式）的广泛普及，越来越多的程序员开始采用这种模式来编写应用程序。然而，由于程序员之间的技能水平和经验差异显著，部分程序员在编写代码时未能充分考虑用户输入数据的合法性，从而给应用程序留下了安全漏洞。在 B/S 模式下，用户的输入数据往往直接参与数据库查询操作。若程序员未对用户输入进行严格的验证和过滤，攻击者便有机会通过构造恶意的 SQL 查询语句，实现对数据库的非法访问和操作。他们可以通过提交一段特定的数据库查询代码，观察程序返回的结果，从而获取到原本不应该暴露的敏感信息。

跨站脚本攻击（Cross-Site Scripting，CSS），是一种常见的网络安全威胁，主要利用网站存在的安全漏洞，从用户那里恶意窃取信息。在日常生活和工作中，用户会频繁地浏览各种网站，使用即时通信软件，以及阅读电子邮件。在这些过程中，用户通常会点击其中的链接，而这些链接就有可能隐藏着恶意代码，对用户的个人信息安全构成威胁。跨站脚本攻击的核心思想在于攻击者通过在链接中插入恶意代码，利用用户在不知情的情况下点击链接，从而执行这些恶意代码。攻击者通常会用十六进制或其他编码方式将链接进行编码，使得用户难以察觉其中的异常，进而放松警惕。

跨站请求伪造攻击（CSRF）是一种网络攻击手段，其核心原理在于攻击者盗用被攻击者的身份，利用被攻击者的名义向受信任的 Web 应用程序发送恶意请求代码。这种攻击方式之所以能够得逞，主要源于提交的表单缺乏充分的验证项，使得攻击者有机会以合法用户的身份进行恶意操作。CSRF 攻击之所以能够发生，关键在于 Web 应用程序在处理用户请求时，没有充分验证请求的来源和合法性。因此攻击者可以构造一个恶意请求，并将其伪装成来自被攻击者的合法请求，然后通过各种手段诱导被攻击者访问这个恶意请求。一旦被攻击者访问了该请求，Web 应用程序就会将其视为被攻击者的操作，并执行相应的功能。CSRF 攻击的危害性不容小觑，这种攻击方式可以威胁到最终用户的数据安全和操作安全。攻击者可以利用 CSRF 漏洞，在用户不知情的情况下执行恶意操作，如更改用户设置、删除数据等。这可能导致用户的数据泄露或丢失，进而给用户带来损失。

3. Web 安全保护

Web 安全保护可以从两个思路入手：一是对 Web 应用源代码进行安全监测或者是在服务器端设置防火墙，Web 漏洞的本质是 Web 应用源代码本身未进行安全编码或是存在逻辑漏洞等。二是对源代码进行安全监测可以从根源上解决安全隐患，为 Web 应用提供一个更好的安全环境。

源代码安全监测可以从以下两个方面进行。

（1）定向检测。在软件开发的过程中，特定的功能点往往隐藏着不容忽视的安全隐患。针对这些隐患进行定向测试，是确保软件安全稳定运行的重要环节。其中，文件上传功能作为用户交互的关键部分，常常面临着后端没有严格限制上传文件格式的问题，这给黑客提供了可乘之机。文件上传功能的设计初衷是为了方便用户分享和交换文件，然而，如果后端系统没有设置合理的文件格式限制，黑客就有可能利用这一漏洞，通过上传恶意文件来规避防火墙的防护。这些恶意文件可能包含病毒、木马等有害程序，一旦成功上传至服务器，就可能对系统造成严重的安全威胁。为了防范这种风险，开发者需要对文件上传功能进行严格的测试和验证。首先，需要确保后端系统能够准确识别并限制上传文件的格式。对于常见的文件类型，如图片、文档等，可以设定白名单机制，只允许上传指定的文件类型。同时，还需要对上传的文件进行严格的病毒扫描和过滤，确保上传的文件不含有任何恶意代码。除了文件格式的问题外，未正确验证用户角色或身份也是导致潜在漏洞的重要因素。如果系统没有对用户角色和身份进行严格的验证和授权，就可能出现未经授权的操作风险。例如，恶意用户可能会尝试伪装成合法用户，进行非法访问和操作，从而窃取敏感信息或破坏系统正常运行。此外，文件管理功能也是一个常见的潜在漏洞来源。在某些情况下，如果系统直接传递文件路径作为参数，就可能出现安全性问题。攻击者可能会利用这一漏洞，通过构造特定的文件路径来访问或读取系统中的任意文件，进而获取敏感信息或执行恶意操作。

（2）正向检测。我们首先要从源代码的主目录入手，全面而系统地分析源代码的程序结构。在此过程中，首先应特别关注包含 function、common 和 include 等关键字的文件夹。这些文件夹中往往存放着一些公共函数或者核心文件，这些函数和文件通常作为其他模块或功能的基础组件，供整个应用程序统一调用。分析 function 文件夹时，我们可以发现其中包含了各种业务逻辑的函数实现，这些函数通常被设计为高度模块化和可重复用的函数，以便在不同场景下快速调用。common 文件夹则可能包含一些通用的工具和类库，这些工具和类库为开发者提供了便捷的功能接口，提高了代码的开发效率。而

include 文件夹则包含了大量的头文件和依赖项，这些文件是编译过程中的重要组成部分，它们确保了代码的正确链接和依赖关系的正确解析。其次，我们应查找应用的配置文件。配置文件是 Web 程序的重要组成部分，它们包含了 Web 程序运行所必需的功能性配置选项以及数据库等关键配置信息。通常，这些配置文件的文件名中会包含 config 关键字，以便于人们能快速识别和查找。在配置文件中，我们可以找到诸如数据库连接信息、缓存设置、日志级别等重要参数，这些参数对于程序的正常运行和性能优化至关重要。最后，我们还应特别关注安全过滤文件，这些文件涉及 Web 应用程序的安全性，是防止漏洞被利用的关键环节。通常，安全过滤文件的命名中会包含 filter、check 等关键字，以便于我们快速定位到它们。在这类文件中，开发者会对输入参数、上传类型及执行命令进行严格的过滤和检查，以防止发生潜在的安全风险。通过检查这些过滤文件，我们可以评估应用程序的安全防护水平，并提出相应的改进措施。在正向检测的过程中，我们还需要结合具体的业务场景和需求，对源代码进行更加深入的剖析和理解。

应用层漏洞主要是因为程序员在编写代码时没有正确处理敏感函数而产生的，因此，通过逆向分析参数传递过程来检测源代码漏洞是一种行之有效的方式。这种方法的优势在于可以通过查找相关敏感函数的关键字来快速定位潜在漏洞，并随后进行详尽的审查。然而，如果没有对整个代码进行彻底审查，可能会导致对程序整体业务逻辑的理解不够深入，因此可能难以发现潜在的逻辑漏洞。

Web 应用防火墙（Web Application Firewall，WAF）是 Web 应用程序中的一种安全防护措施，类似于使用 HTTP 访问的应用程序的安全屏蔽，它在网络拓扑结构中的位置往往是在最前面，通常作为外部网络和内部网络之间的屏障。传统防火墙主要用来保护服务器之间传输的信息，而 WAF 则主要针对 Web 应用程序，网络防火墙和 WAF 工作在 OS17 层网络模型的不同层，两者相互补充，可以搭配使用。WAF 的部署方式主要有以下三种，各有优劣。

（1）透明代理模式。在透明代理模式下，WAF 对客户端和服务端都是透明的，双方都“认为”自己和对面是直接相连的。以透明代理模式部署 WAF 的优点是对网络的影响程度比较小，不需要对网络结构进行修改。缺点是客户端和服务端之间的流量都需要经过 WAF，这就对 WAF 的处理能力有了很高的要求。此外，在透明代理模式下是无法在服务器上实现负载均衡的，因此在高并发的场景下对网络的性能有一定的影响。

（2）反向代理模式。反向代理模式是一种用于隐藏 Web 服务器的安全模式。在反向代理模式下，客户端的请求会被先定向到 Web 服务器的代理服务器中，代理服务器收到请求后会将请求再转发到真实服务器，从而使得客户端只能获取代理服务器的地址而无法获取到 Web 服务器的真实地址。也就是指当服务器响应请求时，需要经过 WAF 设备转发才能到达客户端。反向代理模式需要对网络结构进行一定程度的调整。与透明代理模式不同，使用反向代理可以在 WAF 上实现负载均衡。

（3）路由代理模式。路由代理模式与透明代理模式的区别在于透明代理工作在网桥模式，而路由代理工作在路由转发模式，路由代理模式需要为 WAF 的转发接口配置路由及 IP，因此需要对网络进行简单的改动。与透明代理模式相同，路由代理模式也不支持负载均衡。

（三）数据安全技术

1. 数据安全概述

在信息社会，数据就是最具生产价值的资源之一。企业在被允许的情况下根据用户数据为用户提供定制化的服务，监管机构根据监管数据进行风险评估、安全监测，交通管理机构根据行程数据制定合理的流量控制策略，运营商根据流量及业务分布数据选择基站及云计算中心的部署位置等。可见，数据一方面为企业创造了价值，也丰富了人们的日常生活，为人们带来了便利，另一方面，数据的安全也是极其重要的。如果以上场景中的数据被不法企业以及恶意攻击者所窃取，那么将会对社会、企业、组织、个人带来不可估量的伤害。因此，用户信息的管理和保护是我国亟待解决的难题，也是全球共同面临的挑战。

物联网中的信息安全和传统互联网领域既有相同点也有不同点。当前，在物联网环境下数据安全主要面临以下五方面的挑战。

（1）数据的加密存储

在传统的信息安全系统中，数据库往往会采用数据加密存储技术来保证数据的隐私安全。但是在基于物联网的云环境下，需要被云应用程序进行操作的数据往往是不能进行加密的，不同设备厂商制造的不同设备通常没有统一的数据结构以及加密形式，如果数据被加密，那么数据被传递到云端之后的后续操作将会极其困难，甚至无法进行存储和处理，因此基于云环境的数据加密存储是急需解决的问题之一。

（2）数据隔离

在平台即服务的云模式或者软件即服务的云模式中，云服务提供商为了便于对数据进行统一管理，会采用多租户技术对用户数据进行存储。多租户技术是指将多个用户的数据放到同一个存储数据表中进行存储，当用户需要从表中取出数据时，系统将会根据用户的权限返回其申请的且有权限取出的数据。多租户技术为云服务商带来了便利，但同时也带来了严重的安全隐患。虽然云服务提供商采取了一些数据隔离技术对同一个数据表中不同用户的数据进行了隔离处理，但是一些恶意攻击者还是可以通过软件平台漏洞对未授权的数据表进行访问和窃取。

（3）数据迁移

当云服务器宕机时，为了确保正在进行的业务不受影响，云服务提供商就需要将正在进行的任务进程迁移到容灾服务器上，虽然容灾服务器一般会对数据进行同步，但是当前服务器正在执行的一些进程还是需要进行迁移的，这实际上就是对与该任务进程相关的数据进行迁移。其中需要迁移的数据不仅是内存和寄存器中的动态数据，还包括服务器本地磁盘中和服务相关的静态数据。

为了不影响用户的体验，云服务提供商需要对所有数据进行高速迁移，以便让任务进程能够快速地在容灾服务器上重建。如果云服务器宕机时运行的进程涉及机密数据，还需要保证在数据迁移的过程中不会发生泄漏或者被窃听等问题。

（4）数据残留

数据残留是指数据在逻辑上被删除后，数据在硬盘上仍然以物理形式存在的一种情形。在云环境下，数据残留可能会使得未授权的用户在系统不经意的情况下接收到其他用户的隐私信息。由于数据残留是硬盘本身的存储机制造成的问题，所以到目前为止，没有哪一家云服务提供商能够彻底解决数据残留的问题。

（5）数据安全审计

以外包的形式将数据存储在云端时，用户主要关注的问题是：外包存储的数据确实已存储到云端中，并且只归数据拥有者所有；除所有者及被授权的用户以外，任何人不得对数据进行访问及修改。这两个问题的解决都需要依赖数据安全审计机制，通常，当数据存放到本地或者企业的可信域时，数据管理者可以直接检测到数据的物理状态，因此数据的安全审计是非常容易实现的。但是当数据以外包的形式存储在云服务器中时，数据安全审计将会变得非常困难，管理者需要对数据进行下载后才能审计，这样既延长了数据安全审计时间，又浪费了网络的带宽。

2. 数据安全保护

云数据安全方面的研究主要集中在加密存储、完整性审计及密文访问控制等方面。下面将从加密存储、完整性审计及密文访问控制等三个角度对数据安全进行简单的阐述。

（1）加密存储

在保护数据的安全性、隐私性及有效性方面，加密是最常用的也是最有效的方法之一。当前对于云数据加密存储的研究主要是针对云数据安全存储框架展开的，在云环境下，数据的加密将会导致后续操作变得非常困难，因此学者们提出了新的数据安全存储框架来解决这些问题。此外，值得关注的安全存储技术还有同态加密技术、基于 VMM 的数据保护技术、基于加密解密的数据存储技术、支持查询的数据加密技术和面向可信平台的数据安全存储技术。

（2）完整性审计

数据完整性审计模型主要有以下几种：POR（Proofs of Retrievability）模型、数据可检索证据模型、公有云存储环境中的数据公开审计模型。此外，还有一些数据外包审计技术及模型，如纠删码、同态令牌、基于公钥的同态认证、MHT、基于认证数据结构的外包数据认证模型等。

（3）密文访问控制

基于属性的密文访问控制是一种比较常用的访问控制技术。典型的基于属性的密文访问控制技术有以下两种：基于密钥策略的 KP-ABE、基于密文策略的 CP-ABE。

ABE 加密算法一般包括以下四个流程。

① 初始化阶段：输入系统安全参数，产生相应的公共参数（PK）和系统主密钥（MK）。

② 密钥生成阶段：解密用户向系统提交自己的属性，获得属性相关联的用户密钥（SK）。

③ 加密阶段数据拥有者对数据进行加密，得到密文（CT）并发送给用户或者发送到公共云上。

④ 解密阶段：解密用户获得密文，用自己的密钥（SK）进行解密。

3. 数据库安全

（1）数据库安全定义

关于数据库安全，国内外有不同的定义，国外以 C.P.弗莱格（Charles

P.Pfleeger）在 Security in Computing 中对数据库安全的定义最具有代表性，被国外许多教材、论文和培训所广泛应用，该定义从以下方面对数据库安全进行了描述。

① 物理数据库的完整性：数据库中的数据不被各种自然的或物理的问题而破坏，如电力问题或设备故障等。

② 逻辑数据库的完整性：对数据库结构的保护，如对其中一个字段的修改不应该破坏其他字段。

③ 元素安全性：存储在数据库中的每个元素都是正确的。

④ 可审计性：可以追踪存取和修改数据库元素的用户。

⑤ 访问控制：确保只有授权的用户才能访问数据库，这样不同的用户被不同的访问方式所限制。

⑥ 身份验证：不管是审计追踪还是对某一数据库的访问，都要经过严格的身份验证。

⑦ 可用性：对授权的用户应该随时可进行应有的数据库访问。

（2）数据库安全策略

数据库安全是信息技术领域的一个重要议题，它关乎着数据的保密性、完整性和可用性。在现代社会，随着大数据、云计算等技术的快速发展，数据库安全愈发受到重视。数据库安全主要通过存取管理、安全管理和数据库加密等手段来确保数据的安全。存取管理是数据库安全的基础，它旨在限制只有授权用户才能访问数据库。通过程序控制数据的存取，可以有效地防止未经授权的访问。在实际应用中，存取管理通常采用身份认证和访问控制两种方式。身份认证要求用户提供正确的用户名和密码才能登录数据库，而访问控制则根据用户的角色和权限来限制其对数据的访问范围。安全管理是数据库安全的另一个重要方面，它通过确定安全管理策略来分配数据库管理权限。这些策略主要包括集中控制和分散控制。集中控制是指将数据库的管理权限集中在少数管理员手中，这样可以便于对数据库进行统一管理和维护。然而，集中控制也存在一定的风险，一旦管理员账户被攻破，整个数据库的安全将面临严重威胁。因此，在实际应用中，通常需要根据实际情况选择合适的控制策略。数据库加密是保护数据库数据安全的另一种有效手段。根据加密对象的范围，数据库加密可以划分为库内加密、库外加密以及硬件加密等。库内加密主要针对单个记录或属性进行加密，这样可以确保即使数据库被非法访问，敏感数据也不会被轻易泄露。库外加密则是对整个数据库结构和内容进行加密，这样可以提高整个数据库的安全性。硬件加密则是利用专门的加密设备对数据库进行加密，这种方式具有更高的安全性和可靠性。尽管数据库的安全模型、安全体系结构和安全机制对保障数据库的安全至关重要，但它们的研究和实际应用进展却相对缓慢且表现欠佳。目前，尽管已经进行了广泛的数据库安全模型研究，但仍然存在许多挑战。例如，如何设计一个既安全又高效的存取管理策略，如何平衡集中控制和分散控制的优缺点，如何选择合适的加密方法和设备等问题都亟待解决。自 20 世纪 90 年代起，人们逐渐开始关注研究关系数据库系统中访问控制技术和安全策略方面的问题。

① 身份鉴别

身份鉴别是为了确认用户的真实身份与其声称的身份是否相符，使用身份鉴别策略可以很好地确保合法用户获得数据库的使用权限。常用的身份鉴别手段有：静态口令鉴别、动态口令鉴别、生物特征鉴别等。静态口令鉴别需要用户输入口令，与事先存储在数据库中静态不变的口令进行比较。动态口令正如其名，其口令是动态变化的，即采用一次一密的方法，常用的方式有短信密码与动态令牌。生物特征鉴别主要是利用图像处理等技术对生物个体唯一、稳定的生物特征如指纹、虹膜、声音进行采样，然后与数据库中预先存入的生物特征进行匹配鉴定。

② 存取控制

存取控制是指对系统内的所有数据规定每个用户对它的操作权限，使用存储控制策略可以让数据只能在规定范围内使用，从而达到保护数据安全的目的。常用的存取控制策略有自主存取控制、强制存取控制、角色存取控制等，自主存取控制（DAC）：对系统内的所有数据规定每个用户对它的操作权限定义并检查用户权限，使数据在合法范围内使用。强制存取控制（MAC）：用户不能更改自己或他人的操作权限，一切操作权限由系统管理员统一分配。角色存取控制（RBAC）：数据权限相同的用户被定义为同一角色，系统管理员确定用户角色并分配权限。

③ 真实性检测

真实性检测是指对系统内的所有数据验证数据的准确性、可靠性和防篡改性。真实性检测主要是为了防止数据库中存在不正确的数据，防止恶意破坏和非法存取完整性约束、断言、触发器、杂凑运算等。

④ 数据加密

数据加密是指通过算法将明文变换为不可直接识别的密文，只有合法用户才可解密。数据加密能够有效解决数据明文存储引起的泄密风险，防止发生非法入侵和越权访问行为，主要算法有私钥加密算法和公钥加密算法，常用的加密形式有以下几种：数据库级加密，对数据库中的所有表格、视图、索引等都要执行数据加密，密钥管理简单，但查询效率较低，适合移动存储设备的机密数据加密；表级加密，对数据库中的每一个表格使用专门的函数来进行加密，效率略低，灵活度较高；记录级加密，对数据库中每一条记录使用专门的函数来进行加密，比表级加密有更高的灵活性，查询性能更好，但对单个字段的查询需要对整条数据进行查询；数据项级加密，对数据库中记录的每个字段采用不同密钥进行加密，安全强度高，抗攻击，但在密钥的管理使用、定期更新方面较复杂。

⑤ 审计检测

审计检测是指启用专用的审计日志（Audit Log）来记录用户对数据库的操作。通过审计日志可以追踪操作信息，找出非法存取数据的恶意用户。

（四）云安全技术

1. 云计算简介

（1）云计算

云计算（Cloud Computing）是以互联网为基础衍生出的一种新型计算模式，在这种计算模式下，支持共享的软件资源和硬件资源可以通过网络提供给远端的计算机或者其他终端设备。在早期，云计算也被称为分布式计算，随着云计算的发展，我们现在所说的云计算已经不单单是分布式计算的一种形式，而是结合了分布式计算、热备份、并行计算、网络存储、负载均衡、效用计算和虚拟化等计算机技术的一种计算模式。

云计算可分为显示层、中间层、基础设施层和管理层四层结构，各层的主要功能如下。显示层：将数据内容以美观舒适的方式展现给用户。中间层：为基础设施层提供服务，并将服务用于支撑显示层。基础设施层：连接存储数据库，为中间层提供计算和存储等资源。管理层：给上述三层提供管理和维护技术，协调处理三层的运行。

（2）云计算的服务模式

“美国国家标准和技术研究院定义了云计算的三种服务模式：SaaS 模式、PaaS 模式以及 IaaS 模式，三种模式分别对应云计算架构中的基础设施层、中间层以及显示层”①。

① 软件即服务模式（SaaS）

SaaS，即软件即服务，是一种创新的软件交付模式，通过 Internet 向用户提供所需的功能和应用。SaaS 解决方案前期成本投入较低，传统的软件购买模式需要企业一次性投入大量的资金购买软件许可证和服务器等硬件设备，而 SaaS 模式则采用了按需付费的方式，企业只需按照使用量或用户数等标准支付费用，大大减轻了企业的资金压力。此外，SaaS 提供商通常会负责软件

① 刘杨，彭木根. 物联网安全［M］. 北京：北京邮电大学出版社，2022.

的维护和升级工作，进一步节省了企业的维护成本。SaaS 解决方案在维护和快速展开使用方面也展现出了其独特优势。传统的软件安装和维护工作通常需要专业的技术人员进行操作，而 SaaS 模式则不需要企业具备专业的技术团队，所有维护和升级工作都由提供商负责，大大降低了企业的技术门槛。同时，SaaS 软件通常具备快速部署和配置的特点，企业可以迅速开始使用，无须经过长时间的等待和复杂的配置。SaaS 解决方案还具有高度的可扩展性和灵活性。随着企业规模的不断扩大和业务需求的不断变化，SaaS 软件可以根据企业的实际需求进行快速调整和优化，以满足企业的发展需求。同时，SaaS 模式还支持多租户架构，允许多个企业共享同一套软件资源，进一步提高了资源利用率和经济效益。在实际应用中，越来越多的企业开始采用 SaaS 解决方案来管理企业经营活动。例如，一些电商企业利用 SaaS 平台实现了订单管理、库存控制等功能，提高了运营效率和客户满意度；一些金融企业则通过 SaaS 平台实现了客户关系管理、风险控制等功能，提升了金融服务的质量和安全性。SaaS 是企业为提高自己的影响力，增加用户黏度而作出的一种尝试。

SaaS 模式与传统许可模式软件有很大的不同，它是未来管理软件的发展趋势。相较传统服务方式而言，SaaS 具有很多独有的特征：A.多租户特性，SaaS 通常基于一套标准软件系统来为成百上千的不同租户提供服务；B.互联网特性，SaaS 通过互联网为用户提供服务；C.服务特性，考虑服务合约的签订、服务使用的计量、在线服务质量的保证等问题；D.按需付费特性，用户可以根据需求按需订购软件应用服务；E.开放性，平台提供应用功能的集成、数据接口的集成、组件的集成；F.成本低，客户只需要支付个人计算机和互联网服务所需的费用。

基于 SaaS 模式的软件一般比较庞大，安装、使用及运营和维护等方面的操作都比较复杂，并且这些软件单独购买时价格比较昂贵，我们常用的 ERP、CRM 等工程软件都属于 SaaS 这一模式下的软件。此外，基于 SaaS 模式的软件通常是以企业用户为主要应用对象，这就要求软件需要具有一定的协同能力，具备文档的协同处理、屏幕共享、邮件系统、会议管理等功能，而对于需要实时处理的业务场景如飞行控制、工业自动化等场景，基于 SaaS 模式的软件通常不能很好地适配。

② 平台即服务模式（PaaS）

PaaS 模式是一种为开发人员提供通过全球互联网构建应用程序和服务的创新平台。它作为 SaaS 模式的进一步发展和完善，为软件开发、测试以及管理提供了一个按需开发的环境，极大地推动了云计算技术在应用开发领域的广泛应用。在 PaaS 模式下，开发人员无须担心底层基础设施的搭建和维护，只需专注于应用程序的核心逻辑和功能开发。这种服务模式极大地降低了开发成本，缩短了开发周期，使开发人员能够更加专注于创新和优化用户体验。

PaaS 平台的优势：友好的开发环境，丰富的服务，精细的管理和控制，强弹性计算层，高可靠性，多租户机制能够提供一定的可定制性来满足用户特殊需求，整合率较高。

③ 基础设施即服务模式（IaaS）

IaaS 通过互联网提供按需软件付费应用程序，云计算提供商务托管和管理软件应用程序，允许其用户连接到应用程序并通过全球互联网访问应用程序。

IaaS 通过网络把 IT 基础设施作为一种服务并对外提供，在这种服务模型中，用户不用自己构建一个数据中心，而是通过租用的方式来使用基础设施服务，包括服务器、存储和网络等。在使用模式上，IaaS 与传统的主机托管有相似之处，但是在服务的灵活性、扩展性和成本等方面 IaaS 具有很强的优势。

IaaS 包括网络和通信系统提供的通信服务、服务器设备提供的计算服务、数据存储空间提供的存储服务、操作系统、通用中间件和数据库等基础软件服务。通常 IaaS 提供商把几个 IaaS 进行组合，以产品目录的形式告知 IaaS 使用者能够提供何种产品。

IaaS 的优势：用户免部署与维护，开放标准跨平台，灵活迁移，支持应用范围广泛，伸缩性强。

（3）云计算的部署方式

对于云的分类，美国国家标准与技术研究所（NIST）认为云有两种类型：内部云和外部云，以及四种部署模型：私有云、社区云、公共云、异种云，维基百科认为云可分为私有云、公共云和异种云三类，下面以维基百科的分类来进行详述。

① 私有云或企业云（Private Cloud 或 Enterprise Cloud）：主要是大型企业内部拥有的云计算数据中心，如银行、电信等行业用户及关注数据安全的用户。大型企业的 IT 部门无需将业务完全转给公共云供应商，它们会保留原有系统，但新增系统将选用基于云计算的架构。

② 公共云（Public Cloud）：云计算基础设施供应商拥有大量的数据中心，为中小企业提供云平台和云应用，即通常所指的公共云供应商，为社区服务的公共云可被视为社区云，专门为某个企业服务的云可被视为托管云。

③ 异种云或联邦云（Hybrid Cloud 或 Federal Cloud）提供云间的互操作接口，各种云的集合体，如 VMWare UCloud、OpenNebula。

2. 物联网与云计算

（1）物联网与云计算相融合

物联网与云计算相融合可以取长补短，共同促进信息化社会的发展。二者融合后有以下三种优势。

① 成本优势

在传统物联网中，设备的部署成本、维护成本是非常大的，主要是因为设备资源得不到合理的配置，使得一些设备长时间处于空载状态，而另外一些设备又长时间处于工作状态。云计算在资源利用这一方面有很大的优势，云平台可以将资源进行整合并对资源进行统一管理，如 kubernetes 平台，进而就可以动态地将任务分配到空载节点。

使用云平台可以更加合理地配置物联网设备资源，可以按照用户的实际需求，对设备资源进行更恰当的任务分配，从而提高接入设备的使用效率，降低设备的待机成本和部署开销。

② 计算和存储能力优势

在物联网环境中，单一个体的存储能力和计算能力非常有限，无法很好地对运行时产生的数据进行适当的处理及存储，随着设备在线时间变长，物联网个体的劣势会越来越明显，而云计算作为一种分布式技术，可以很好地解决这些问题：当某一设备任务繁杂时，云计算平台可以调度接入的空闲设备对任务进行处理，或者将任务卸载到中心节点处理。

③ 边缘处理优势

在传统的云计算模式下，数据集中到中心节点后才能被处理，这使得业务的平均等待时长增加，降低了业务的 QoS。物联网与云计算结合后，云平台获得了调度边缘设备及一些边缘服务器的能力，从而可以根据业务的地理位置选择合适的服务节点对业务就近卸载。

（2）物联网与云计算融合模式

云计算与物联网各自具备很多优势，两者的有机融合将具有更高的应用效益。云计算与物联网的融合可以采用以下两种模式。

① 中心化模式

中心化模式把云中心或部分云中心作为数据/处理中心，终端获得信息，数据由云中心统一进行处理及存储，云中心提供统一界面给使用者操作或查看。

中心化模式可以降低对边缘设备计算、存储能力的要求，从而降低边缘设备的部署成本及运营与维护的开销，因此此类模式主要分布在范围较小的各物联网终端，如传感器、摄像头或手机等。这类中心化模式的应用非常多，如智能家居、智慧小区、对某一高速路段的检测、对幼儿园小朋友的监管及某些公共设施的保护等场景都是以中心化模式为核心构建的。

② 去中心化模式

在物联网与云计算的结合中，去中心化不是说整个网络模型不需要中心节点，而是根据业务的需求自行选择中心节点。随着网络规模的扩大，接入设备数量的增加，单一中心节点已经不能满足低时延、高可靠的需求。据高德纳公司的分析，“2017 年全球约有 84 亿个端口接入到了互联网中，到 2020 年，接入到互联网中的端口数量已经达到 204 亿左右，根据思科的研究，到 2030 年这一数字将会增加到 5 000 亿”[①]。如此庞大的设备数量将产生极其夸张的数据量，如果继续采用以往的中心化架构，一是中心节点的负荷过大，业务排队时间较长；二是业务在核心网中转发次数过多，使得业务平均等待时间大大增加。

去中心化模式将会更加符合实际业务需求，它可以降低核心网负载，提升网络吞吐量，并且缩短业务的平均等待时间。

（3）云计算在物联网中的挑战

① 连接的规模。

② 数据库的安全性。数据库安全是云计算安全中最重要的一部分。

③ 统一的协议标准。这是物联网和云计算产业得以高速发展的前提。目前物联网和云计算还没有统一的协议和标准，具体协议还有待相关机构和企业进行制定。

3. 云计算安全问题

（1）云计算面临的安全问题

云计算为物联网带来了便利，提高了资源使用效率，同时，它也面临着许多安全问题，如虚拟化安全问题、云平台遭受攻击的问题等，这些安全问题都是不能被忽视的。

① 虚拟化安全问题

在虚拟化场景中，主机安全问题和虚拟化网络安全问题是最需要被重视的安全问题，如果主机受到破坏，那么主机所管理的客户端服务器都会有被攻克的风险；如果虚拟网络的安全性受到破坏，那么客户端也会通过虚拟网络受到外部入侵者的攻击。此外，客户端的共享安全和主机的共享安全也是不能被忽视的问题，在实际应用中，客户端和主机的共享都有可能被不法之

① 刘杨，彭木根. 物联网安全［M］. 北京：北京邮电大学出版社，2022.

徒利用，最终通过共享应用的漏洞对客户端或者主机发起攻击。

② 云平台遭受攻击的问题

云计算平台，以其强大的数据处理能力和高效的资源共享机制，已成为当今数字化时代的核心基础设施。然而，由于其用户群体庞大、信息资源高度集中，云计算平台也极易成为黑客攻击的主要目标。特别是当拒绝服务攻击（DoS 攻击）发生时，其带来的后果和破坏性将明显超过传统的企业网络应用环境，将会给企业和用户带来极大的损失和风险。

（2）IaaS 安全

① 监视数据泄露和使用情况

云中存储着大量的数据，企业需要密切地监视存储在公共云和私有云等 IaaS 基础架构中的数据。在将 IaaS 部署到云计算时，我们需要确保只有授权用户才能访问数据。企业可以通过建立规范的数据管理流程来解决这一问题，该服务将连续监视数据使用情况，并根据安全策略限制使用情况。

② 授权与认证

众所周知，只使用用户名和密码登录的身份验证机制并不安全，为了制订一个高效的数据丢失防护（DLP）方案，还需要更严谨的认证和授权方法，我们可以使用多因素身份验证，建立分等级的访问策略来解决这一问题。

③ 日志记录和报告

日志记录和报告可以查询信息的下落、用户、处理信息的机器的信息以及存储区域，因此，无论是在私有云还是在公共云中，都要有高效的日志记录和报告，使 IaaS 的部署更加高效。日志和报告方案对于服务的管理和优化非常重要，尤其是在遭受安全损害时，其重要性更为明显。

④ 端到端的加密

想要保护 IaaS 的安全，不仅要对用户的数据文件进行加密，还需要充分利用端点到端点之间的加密来确保磁盘上所有数据的安全，防止离线攻击。除了整盘加密，还要确保 IaaS 基础架构中与主机操作系统和虚拟机的所有通信都要加密。同时，为了提高安全性，企业应尽可能部署同态加密等机制，以保持终端用户通信的安全。

（3）PaaS 安全

① 功能安全

多租户隔离：租户基于 Domain 和 Project 的机制进行隔离，每个 Domain 的租户权限与资源互相隔离。其中，租户 Domain 的资源和权限集合为多个 Project 的总和，租户内采用多用户和多用户组的管理方式，用户基于角色来进行授权，全部对接 IAM 来统一身份认证，实现统一的用户权限和资源管理。

多租户资源管理：通过 IAM 可以统一实现租户的资源信息同步和管理。用户可查看、增加自己的配额能力，构建自己的集群，部署各种服务。

身份认证和访问控制：PaaS 的身份认证和访问控制，主要通过内置各服务租户和大量角色来进行用户访问控制，IAM 进行认证和授权，以及基于 Xrole 的信任管理。

单点登录：在 PaaS 中，是多用户、多 Web 应用、单个 SSO 认证中心的机制，实现所有登录认证都要在 SSO 认证中心统一认证。SSO 认证中心与 Web 应用建立一种信任关系，SSO 服务提供 SSO Server 和 SSO Client 软件，主要是基于 CAS 来实现。

基于 SAML 的第三方 IDP 对接：多个应用的用户登录认证可以使用基于 SAML 的共享信任的机制，让 IAM 认证中心来对接第三方的 IDP 服务，达到多应用下用户的共享信任。

PSM 密钥管理系统：PSM 主要为 PaaS 的密钥和证书管理系统，主要在初始化安装、创建 Namespace、纳管节点、创建 pod、证书和密钥更新过程中，对密钥和证书进行管理。

数据安全：使用主流的隐私模型和算法，集成主流的匿名化算法，覆盖数据的整个生命周期。

② 运维安全

日志异常行为监测：运维方面审计日志，通过 rest 接口记录运维管理员操作日志；管理方面审计日志，通过将用户行为记录到本地文件与运行日志分开；日志分析主要依赖于 ALS（Application Log Service）和 DPA（Destructive Physical Analysis）。ALS 可以提供统一的日志收集、查询、配置服务。DPA 对收集的日志进行大数据分析，从中查找异常行为。

③ OpenAPI 安全

API 安全检测：认证检测，防止被篡改和重放攻击；流量检测，防 DDoS 攻击；对受限资源的访问授权；报文异常参数检测。

④ 基础设施安全

A. 网络隔离

在 PaaS 组网与外网间采用防火墙隔离。PaaS 内网采用双网卡的 HALB 将运维、管理面和租户面进行隔离。租户面与运维、管理面采用不同网段和 VIP，互相之间通过 LB 的两个 VIP 进行路由转发。同时还需要对应的 I 层虚拟机进行网络隔离的安全设置，以达到虚拟机的逻辑 VLAN 隔离。

B. WAF

在 PaaS 中使用 WAF 进行 Web 防护，WAF 需要具备如下能力：纵深安全防护，黑名单特征检测和协议重组检测；自学习建模和白名单，提高检测效率和准确率；高性能检测，对于静态文件进行高速转发，无须通过特征库检测；防篡改，自学习网站页面内容，对常用内容进行缓存和比对；自动侦测应用，从流量中自动学习 Web 协议信息，获取新增应用信息；实时安全响应和警告；透明代理，部署 WAF 对用户网络透明，提升性能；高速缓存，对于静态文件进行大量缓存，提升服务器处理性能；CC 防护。

⑤ 容器和镜像安全

A. CVE 安全扫描

在镜像入库和部署前，采用工具进行漏洞扫描。

B. CIS 容器一致性检测

使用扫描工具，基于 CIS（Center for Internet Security）的策略，对运行态的容器进行检查。

C. 容器运行状态防护

可使用容器监控工具，基于具体的容器、镜像、服务主机以及标签（Labels），对运行中的文件、网络监控、进程以及系统调用进行监测。

（4）SaaS 安全

① 选择优质的 SaaS 提供商

无论人们正在寻找什么类型的 SaaS 软件服务，都有很多选择，基于云的软件安全性很大一部分掌握在人们的 SaaS 软件厂商手中。

选择优质的 SaaS 提供商可以遵循以下步骤。首先，寻找提供密码保护和用户控制的 SaaS 软件厂商，以限制他人对敏感数据的访问，并在可能的情况下进行某种数据加密。其次，询问供应商存储数据的位置和方式及备份和恢复过程的工作方式。最后，寻找 SaaS 软件厂商可靠的证据，如通过参考大多数 SaaS 软件厂商的客户情况来了解。

② 创建云计算策略

云计算策略可以指定谁能访问软件，用于何种目的及在何种情况下访问软件。它规定了如何管理用户以及如何允许员工使用该软件，例如，可以通过个人移动设备访问系统还是只能在工作计算机上访问系统。

③ 不要将敏感数据放到系统上

虽然使用基于云的软件主要好处之一是它能够与其他应用程序无缝集成，从而为许多功能提供集中的用户体验，但并不是说所有数据都应存储在云上，如果敏感数据（如个人或专有等）不用放在系统上，就需要将其存储在本地服务器上。

④ 采用最高标准的互联网安全措施

虽然供应商负责保障大部分数据的安全性，但用户仍需要采取预防措施。使用标准的 Internet 安全措施，如运行防病毒软件并确保所有用户都选择安全性较强的密码。

除此之外，还应该实施一个用于密码恢复的安全协议，特别是出现如果用户从个人设备访问系统或在异地时访问系统的情况。

⑤ 定期审核安全控制措施

安全审核应定期进行，SaaS 审核有各种标准，具体取决于应用程序的类型，理想情况下，SaaS 软件厂商将聘请可靠的第三方来完成审核，然后共享结果。此外，还可以让第三方或内部团队定期审核软件实施。

4. 云安全关键技术

云安全的关键技术如下。

（1）密文检索与处理

密文检索作为信息安全领域的一个重要环节，对于保护数据隐私和安全性至关重要。在处理加密数据的过程中，如何高效且准确地检索出所需信息，成为研究的热点之一。目前，密文检索主要存在两种典型的方法：基于安全索引的方法和基于密文扫描的方法。基于安全索引的方法通过为密文关键词建立安全索引，实现了对加密数据的快速检索。这种方法的核心思想是将关键词与对应的密文数据建立映射关系，形成一个安全索引结构。当需要检索某个关键词时，只需在索引中查询该关键词是否存在，进而就能确定相关的密文数据。这种方法具有检索速度快、精度高的优点，但在构建索引的过程中需要保证索引的安全性，防止泄漏原始数据的敏感信息。另一种典型的密文检索方法是基于密文扫描的方法。这种方法的核心思想是对密文中的每个单词进行逐一比对，以确认关键词是否存在，并统计其出现的次数。虽然这种方法在处理小规模数据时可能较为简单直接，但随着数据量的增长，其检索效率将大大降低，且容易引发性能瓶颈。

（2）数据隐私保护

云计算中数据隐私保护涉及数据生命周期的每一个阶段：数据生成阶段、计算阶段、存储和使用阶段等。隐私保护系统一般采用以用户为中心的信任模型、匿名数据搜索引擎等技术。

在以用户为中心的信任模型中每个用户可以自由地决定谁是可信用户，用户的最初可信对象主要是朋友、家人、同事等。这种模型的核心在于用户通过担当认证机构（CA）签署其他实体的公钥，并使其公钥被其他人所认证，从而建立信任关系。例如，在 PGP 中，一个用户通过签署其他用户的公钥并使其被其他人所认证，来建立信任网络。

（3）虚拟化安全技术

使用虚拟化技术的云计算平台上的云架构提供者必须向其客户提供安全性和隔离保证。除了注意虚拟机安全分离技术，也要重视保护虚拟机影像文件的安全。每个影像文件都和一个客户的应用程序绑定，因此必须保持完整，并具备安全的共享功能。

（4）云资源访问控制

在云计算环境中，安全管理是一项至关重要的任务。为了确保云应用的安全性和稳定性，需要设立不同的安全管理区域，用以管理各个云应用。每个安全管理区域都承担着管理本地资源和用户的职责，确保它们得到妥善的保护和合理的利用。在云计算环境中，资源的共享与保护是一项复杂的任务。当用户需要访问来自不同领域的资源时，他们面临着诸多挑战。为了确保对所有共享资源的访问者身份进行认证管理，认证服务成为必不可少的环节。这些服务通过对用户的身份进行验证，确保只有合法的用户才能够访问共享资源，从而有效地防止了未经授权的访问和数据泄露。在处理多个领域资源访问时，每个领域都遵循其独特的访问控制规定。这些规定可能因领域而异，涉及不同的安全策略、权限管理和数据保护要求。因此，为了确保资源共享和保护过程中的安全性和合规性，需要遵循每个领域的访问控制规定，并确保这些规定得到严格的执行。

（5）可信云计算

在云计算环境的日益普及与广泛应用中，安全问题日益凸显，成为制约其进一步发展的重要因素。为了解决这一难题，引入可信计算技术为云服务提供了一种可靠的方式，已经逐渐成了云安全研究的重要议题。可信计算技术是一种集合了可信软件、可信硬件及行为可信证明机制的综合技术体系。它旨在确保计算机系统的安全性与可靠性，从硬件到软件，从底层到应用层，全方位地保障信息的安全。在云计算环境中，可信计算技术的应用具有重要意义。首先，可信软件能够确保云服务平台上的应用程序具有高度的安全性和稳定性，避免因为软件漏洞或恶意攻击导致的数据泄露或系统崩溃。其次，可信硬件则通过硬件安全模块等技术，保障云端数据的存储与传输过程中的安全，防止数据被非法窃取或篡改。最后，行为可信证明机制能够监控和记录云服务过程中的所有行为，为安全审计和追溯提供依据。在实际应用中，可信计算技术可应用于处理外包数据的保密性和完整性挑战。例如，在医疗、金融等敏感领域，大量的数据需要被存储在云端，并进行远程处理。通过引入可信计算技术，可以确保这些敏感数据在云端处理过程中不会被泄漏或篡改，从而保证数据的安全性和完整性。

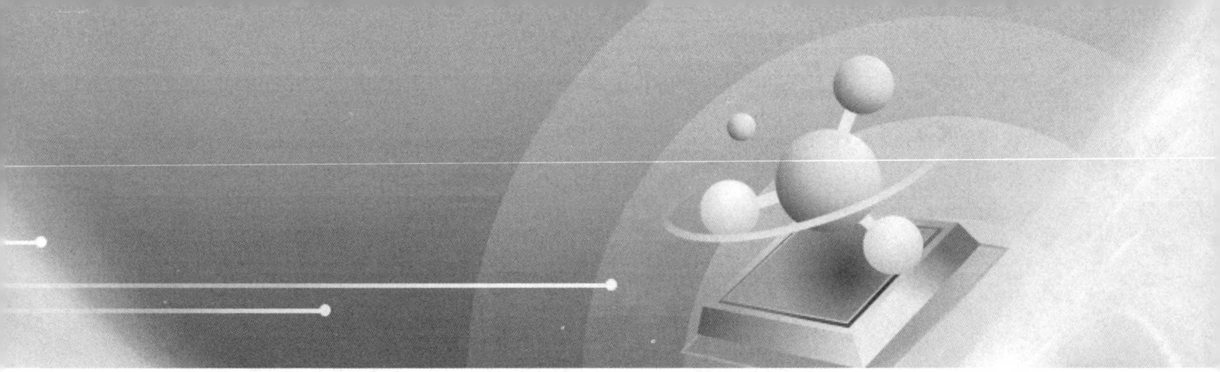

第六章　物联网安全技术发展

本章为物联网安全技术发展，阐述了我国物联网安全技术发展的策略、我国物联网安全技术发展的趋势两个方面的内容，让读者对物联网安全技术的发展有了初步认识。

第一节　我国物联网安全技术发展的策略

针对我国物联网安全发展中存在的问题，本节提出了我国物联网安全发展的几项策略。

一、推进物联网安全技术和管理标准的制定与落实

目前，物联网安全行业尚未建立统一的标准，企业往往是根据个人经验和实践制定安全措施，进而导致在安全规划、建设和管理方面存在不同的水平。建议加快推动建立物联网安全技术标准，从而促进物联网安全管理规范的制定，明确管理结构和责任分配，以提升物联网安全管理的效果。此外，为了推动物联网安全技术的应用和普及，不同行业应遵循安全标准来规划、构建和运营物联网系统。

二、多业务使平台承载安全

信息安全问题在物联网平台层上的存在会对整个物联网生态系统的安全性产生影响。一般来说，物联网技术涉及智能设备与云端的连接，然后通过手机应用和云端服务来实现数据交换，以实现对智能设备的远程安全管理。目前，绝大多数物联网服务平台均部署在云服务器上。在物联网应用层，可能会面临数据融合攻击、数据篡改攻击和错误定位服务攻击等安全风险，因为各类端口的架构分散，所以缺乏有效的方式来集中管理和验证这些风险。如果操作系统设计不考虑有效的安全策略，在进行业务操作时可能会面临各种信息安全风险，如信息泄露、未经授权的代码修改、非法替换组件等问题。因此，物联网平台层需要建立全面的安全防护机制以解决面临的安全挑战。

三、完善物联网加密系统

在物联网环境中，网络作为设备信息传输和共享的关键媒介，其安全性至关重要。为了确保物联网网络能够安全地进行信息传递和共享，采用适当的网络安全技术显得尤为重要。在物联网中，端到端加密和逐跳式加密是两种常见的加密技术，它们各自具有不同的特点和适用场景。逐跳式加密技术是一种在网络层中完成加密的方法，它可以在数据传输的每一跳中（即每个中间节点）对数据进行加密和解密。这种加密方式可以有效地抵御外部攻击，并可以通过数据扰动技术、切分重组技术等数据失真技术来抵御内部攻击。逐跳式加密技术的优势在于其处理信息的速度较快，对于大量文件信息的处理加密具有很强的优势，因此在物联网安全建设中得到了较为普遍的应用，然而，端到端加密方式在应用过程中存在一些限制。端到端加密方式的优点在于数据在发送端和中间节点上都是加密的，安全性较好，并且提供了更灵活的保护手段，用户可以有选择地应用加密。但是，端到端加密需要用户来选择加密方法和决定算法，每对用户需要一组密钥，这使得密钥管理系统变得复杂。此外，端到端加密方式在即时性和针对性方面相对较差，难以保证信息在传输过程中的连贯性。因此，在选择物联网中的加密技术时，需要根据实际情况进行权衡。逐跳式加密技术适用于需要高效处理大量数据，对内部攻击有一定抵御能力的场景；而端到端加密方式则更适用于需要高度保护数据安全性，能够接受一定加密延迟和复杂性的场景。

四、应用安全性更高的路由

物联网的网络系统架构中，感知和通信两大模块占据了核心地位。这意味着在物联网路由部署的过程中，不可避免地要跨越众多不同的网络环境，涉及的技术如基于标识的传感路由算法等也显得尤为复杂。这种跨网络部署的特点在很大程度上增加了路由部署的难度，同时也对网络安全防护提出了更高的挑战。为了有效应对这些要求，确保物联网路由的合理部署，并提升整体安全性，在构建物联网系统时，我们需要格外关注多网络环境下路由及传感器路由的安全性问题。具体来说，我们需要对物联网路由在多网络环境下的安全性进行深入剖析，并结合实际应用场景，提出针对性的优化措施。针对多网络环境下路由安全性的提升，我们可以从整合身份标识与 IP 地址这一关键环节入手。身份标识作为区分网络中不同实体的唯一标识，对于保障网络安全具有重要意义，而 IP 地址则是实现网络间信息传输的基础。通过将身份标识与 IP 地址进行有效整合，我们不仅能够为构建统一的 IP 地址路由构架提供条件，还能够提高路由决策的准确性，从而有效降低因网络隔离或身份伪造等原因导致的安全风险。对于传感器路由安全性的提升，我们需要充分考虑传感器资源的有限性及其易受外界网络攻击的特点。传感器作为物联网系统中的感知层设备，其性能通常受到资源、功耗等因素的限制。因此，在优化传感器路由安全算法时，我们需要注重算法的效率和可靠性，以确保在有限的资源条件下实现安全路由。同时，我们还需关注传感器网络中的攻击类型和手段，有针对性地完善安全策略，提高路由应对网络攻击的能力。在实际应用中，我们还可以通过引入加密算法、访问控制策略等技术手段来增强物联网路由的安全性。例如，采用加密算法对传输的数据进行加密，以防止数据在传输过程中被窃取或篡改；同时，通过设置访问控制策略，限制非法用户对物联网系统的访问，从而降低安全风险。

五、重视位置检测

在物联网的广泛运用中，终端设备的安全性是至关重要的。然而，这些设备面临着未经授权使用的风险，可能产生数据泄露、系统瘫痪甚至更严重的后果。为了应对这一安全问题，技术团队可以设计一个先进的网络监控系统，加强对物联网终端设备的监测，确保网络安全。首先，这个网络监控系统需要实时关注物联网终端设备的状态。通过持续监控设备的工作情况、数据传输等关键信息，系统能够及时发现潜在的入侵行为。一旦监测到异常，系统可以立即启动预警机制，并通知相关人员采取应对措施，从而有效防止安全事件的发生。其次，在物联网行业中，可以利用终端设备所在的小区位置信息来实时追踪设备的运行状况。这种位置追踪技术能够帮助我们准确掌握设备的具体位置，以及它们是否在预定区域内运行。终端设备可以即时共享其位置信息，而服务器则可以通过 SC/SGSN/MME 等网络实体接收这些信息。一旦服务器检测到设备位置偏离预设区域，它将立即触发发送警报通知，以便相关人员能够迅速采取行动。此外，对于定位性能稳定的终端设备，系统可以进一步提高其安全性。这些设备只需稍微移动，就会立即将位置数据发送到服务器，并启动安全警报。这种实时性强的安全机制能够有效防止未经授权的设备移动，从而大大提高物联网终端的安全性水平。除了对终端设备进行实时监控和位置追踪外，网络监控系统还可以通过数据分析来提升物联网的安全性。例如，系统可以对历史数据进行挖掘和分析，以发现潜在的攻击模式和漏洞。同时，系统还可以根据设备的使用情况和行为模式进行预测和判断，以便提前发现可能的存在安全隐患。

六、综合应用安全防护技术

物联网作为一个复杂且庞大的网络体系，其安全性至关重要，直接关系到人们的生活、工作以及国家安全。因此，我们必须深入研究和探讨物联网安全提升的有效方法。在搭建物联网的过程中，我们需要综合应用密钥管理技术、入侵检测技术以及容错容侵技术等多种安全手段。下面介绍前两种技术，密钥管理是物联网安全运维的基石，其重要性不言而喻。相关的管理人员需要深入了解物联网的特征，从物联网实际的情况出发，灵活地应用集中式管理或分布式管理，以提升各系统层级的安全管理水平。在密钥协商的基础上，我们可以确保系统整体的安全性，防止未经授权的访问和数据泄露。随着物联网技术的适用性不断提升，网络节点的数量也在迅速增加。这些网络节点在运行过程中需要消耗大量的电力，因此在应用密钥管理的过程中，技术人员还需要关注节能方面的研究。通过采用高效的密钥管理算法和节能技术，我们可以提升密钥管理的效能，降低系统运行的能耗，实现绿色、可持续的物联网发展。除了密钥管理技术外，入侵检测技术也是加强物联网安全防护的重要手段。入侵检测技术能够及时发现网络中的非法入侵行为，对入侵方式进行准确识别，并明确入侵的类型。通过对各网络节点的安全性进行准确判断，我们可以及时采取相应的防护措施，防止入侵行为对系统造成破坏。入侵检测技术的广泛应用可以有效提高物联网的安全防护水平，保护用户的隐私和财产安全。

七、组建开放包容的物联网产业联盟，加快健康生态的构建

为了推动物联网技术的持续健康发展，我们必须努力构建一个优质的产

业生态。这一目标的实现，需要我们在多个层面进行深入思考与有效实践。一方面，我们应组建由政府或国家级研究机构等非营利性第三方机构牵头的物联网产业联盟。这一举措有助于物联网生态圈中的各类企业进行统筹管理，形成健康、和谐的产业生态。通过联盟，我们可以对物联网产业链中的各个环节进行明确的定位和分类，针对不同规模、不同领域的企业进行聚合，以实现资源的优化配置和共享。此外，联盟还可以为企业提供政策咨询、技术支持、市场推广等一站式服务，帮助企业解决实际问题，促进企业的快速成长。在构建物联网产业联盟的过程中，我们还应关注到地方行业协会的作用。地方行业协会作为地方产业发展的重要力量，拥有丰富的行业资源和庞大的人脉关系。因此，整合地方行业协会的资源，建立物联网行业交流平台，对于推动物联网技术的长远发展具有重要意义。通过这一平台，我们可以实现物联网政策、技术、产业动态等方面的及时交流与共享，促进各地物联网产业之间的沟通与协作。

八、做好终端设备的监控工作

对于物联网技术的安全保障而言，做好终端设备的监控工作显得尤为关键。终端设备作为物联网技术不可或缺的组成部分，其稳定运行和安全性直接决定了整个物联网系统的性能与可靠性。因此，提升物联网系统安全性的首要任务之一，便是对终端设备实施全面、有效的监控措施。首先，对于物联网终端的监控，工作人员应当进行细致而深入的检查。这意味着我们需要对每一个终端设备的工作状态、性能参数及潜在的安全隐患进行全面评估。这要求我们不仅要对设备的硬件配置和软件进行详尽的分析，还需要了解设备的运行环境和使用情况，以便及时发现并处理潜在的安全风险。其次，为了实现对物联网终端的有效监控，我们需要安装与之相匹配的检测系统。这些检测系统应具备实时数据采集、异常检测、故障预警等功能，以便在终端设备出现故障或异常时能够迅速作出反应。通过这些系统，我们可以实现对物联网终端设备的全面监控，及时发现并解决安全问题，从而提升整个物联网系统的安全性和稳定性。

第二节 我国物联网安全技术发展的趋势

一、新的信赖模型

5G与过去的移动通信系统相比，在提供网络连接服务上的流程相对复杂许多。之前的系统有比较简单的信赖模型。例如，用户手机可能先连接浏览网络，再连到本地网络，然后透过本地用户服务器（HSS）管理密钥，唯一需要管理的是这些网络间的连接信任关系。

然而，在5G时代下，有更多的角色出现在网络里面，包括异质网络解决方案，有的未必是第三代合作伙伴计划（3GPP）标准连接，可能有其他不同的无线连接技术，包括Wi-Fi、蓝牙（Bluetooth）、ORA等网络连接技术，这大大增加了物联网系统的复杂性，其系统间有更多身份验证和责任归属问题。

二、新的服务提供模型

网络虚拟化表示在提供网络服务时，会有别于以往的硬件解决方案上的安全性设定。例如，过去的硬件产品，拥有符合电信级标准的安全性需求，现在则提供软件服务，用在现成商用（COTS）技术或云端环境中。因此，必须非常确定运行虚拟化功能的云端架构是可信赖的，并且需要运用一些技术，如可信赖运算、可信赖平台模块等，确保管理程序足以信赖，并且是风险隔离的环境，只有这样才能把软件安装在平台上运行。

三、隐私顾虑日增

移动式的网络终端设备最常见的是智能型手机，相较于普通手机而言，智能型手机能将更多的私人数据传输到公共网络上，但由于经常处于联网状态，智能型手机会让使用者在不知情的情况下将使用数据传送到网络上，因此，个人资料外泄的隐私问题更加严重。由此可见，5G 系统的隐私安全性需要进一步完善。

四、演进中的安全威胁

网络虚拟化将扩大黑客攻击的面向范围。云端会将信息存放到网络的存储设备上，然而也因为信息都可以上传至云端，所以黑客能够攻击的面向范围得以大幅扩大。当万物皆可联网的时代来临，其产生的大数据将引起黑客的注意，黑客攻击不只是内容被存取，更可能影响到企业的品牌声誉，甚至可能影响到公共安全方面。今后，将有越来越多的关键任务型物联网透过 5G 连接，即使目前还没有经历到，但足以影响社会运作。

在未来，不仅技术面的攻击会增加，还有可能面临更多的社交性的攻击，因此，系统设计要小心谨慎，尽可能自动化，减少人工管理。虽然社交性的攻击比技术攻击要简单，但也需要可衡量的安全保证和合规性。安全功能的存在及其正确性和充分性将是未来 5G 时代下至关重要的一环。

参考文献

［1］申时凯，佘玉梅. 物联网的安全技术研究［M］. 北京：中国原子能出版社，2019.

［2］杨金翠，邱莉榕. 物联网环境下控制安全技术［M］. 北京：中央民族大学出版社，2018.

［3］周振宇，伍军，廖海君. 电力物联网通信与信息安全技术［M］. 北京：机械工业出版社，2020.

［4］武传坤. 物联网安全技术［M］. 2 版. 北京：科学出版社，2020.

［5］［澳］武传坤，郭锋. 物联网安全技术与实践［M］. 北京：电子工业出版社，2023.

［6］王浩，郑武，谢昊飞，等. 物联网安全技术［M］. 北京：人民邮电出版社，2016.

［7］余智豪，马莉，胡春萍. 物联网安全技术［M］. 北京：清华大学出版社，2016.

［8］贺方成，韦鹏程，付仕明. 物联网安全技术［M］. 北京：清华大学出版社，2018.

［9］伍忠东. 物联网安全技术［M］. 成都：西南交通大学出版社，2013.

［10］施荣华，杨政. 物联网安全技术［M］. 北京：电子工业出版社，2013.

［11］穆丽沙，夏静文. 物联网的网络安全技术研究［J］. 机械工程与自动化，2023（6）：218-220.

［12］李千叶，郎帅. 基于物联网技术的智能电网数据安全问题分析［J］. 模具制造，2023，23（11）：193-195，198.

［13］郝博麟. 物联网在提升网络安全技术中的应用分析［J］. 网络安全技术与应用，2023（11）：6-7.
［14］茅磊. 物联网中云端数据完整性检测方案的研究［J］. 电脑知识与技术，2023，19（31）：88-90.
［15］魏镜郦. 基于边缘计算的智能物联网应用技术研究［J］. 现代工业经济和信息化，2023，13（10）：124-126.
［16］殷向东. 基于物联网的智能航空地面设备安全运行管理系统［J］. 无线互联科技，2023，20（20）：33-36.
［17］江艳华，李杰. 物联网技术在农业自动化应用中的问题探析［J］. 南方农机，2023，54（21）：63-65，110.
［18］王永强，孙树莉，高佳. 物联网及其在智能农业中的作用［J］. 天津农林科技，2023（5）：32-40.
［19］张涛. 以产业安全视角审视钢铁智能制造发展［J］. 冶金设备，2023（5）：6-10.
［20］乔羽，赵蕾. 基于物联网技术的学校体育信息化系统建设与管理探讨［J］. 文体用品与科技，2023（20）：187-189.
［21］李宏志. 基于区块链的物联网数据安全存储技术研究及应用［D］. 上海：上海海事大学，2022.
［22］林璐. 基于区块链及 Signal 的物联网安全通信技术研究［D］. 北京：北方工业大学，2022.
［23］居欣然. 基于区块链技术的物联网安全访问机制研究［D］. 北京：北方工业大学，2022.
［24］李明时. 工业物联网安全通信关键技术研究［D］. 北京：中国科学院大学，2022.
［25］刘罕. 基于区块链的物联网信息安全关键技术研究与应用［D］. 上海：上海海事大学，2022.
［26］王若辰. 物联网技术在智慧工地安全质量管理中的应用研究［D］. 长

春：吉林建筑大学，2022.

［27］刘春杨. 基于物联网的施工安全隐患防范技术系统构建研究［D］. 广州：广州大学，2022.

［28］李超豪. 物联网邻近交互安全关键技术研究［D］. 杭州：浙江大学，2021.

［29］孟岩. 面向智能家居的物联网安全关键技术研究［D］. 上海：上海交通大学，2021.

［30］于仁飞. 基于区块链的物联网信息安全技术研究［D］. 成都：电子科技大学，2019.